NO.53

Hand Made 巧手易

家人的温馨空间

河南科学技术出版社
· 郑州 ·

Hand Made 巧手易

NO.53

CONTENTS

家 人 的 温 馨 空 间

台湾第一本专业拼布书系 www.handmade-tw.com

封面作品作者 / 苏怡绫老师
封面摄影 / 周祯和
封面设计 / 陈启予

董事长暨发行人 吕世文
财务总监 谢丽闵
董事长特助／代编辑长 苏怡绫
财务经理 Anita Yang
社务顾问 吕永元、林浩正、余万停
编辑部
编辑 Magi Hsu、圣心、晴天
特约编辑 詹宏人

原尺寸图

Hand Made NO.53 Quilter List

特别感谢本期协助制作

布里红共学社
P.6

http://artalk.pixnet.net/blog

2012龙年吉祥物单元作者群。简化设计的尝试，在制图时力求最简单的线条，只有龙的造型采用龙呆的概念，设计成比较可爱的样子，希望大家喜欢。

木棉坊拼布美学
洪凤珠老师
P.10

TEL:02-24293917

http://tw.myblog.yahoo.com/diana-24293917/

1989年成立教室至今已20多年，在拼布的世界，找到美丽并颇有成就感，让生活沉浸在艺术里。

买布玩乡村杂货
张慧玲老师
P.14

TEL:02-22828390

http://blog.xuite.net/quilt1004tw/quilt

拼布设计资历19年。作品曾四度登上《巧手易》封面，现为“买布玩乡村杂货”负责人，与先生一同经营打造幸福的手作空间。畅销拼布书《拼布创意MY布玩》人气作者。

娃娃屋拼布手作坊
郭珍燕老师
P.18

TEL:03-4588994

http://www.wawawu.com.tw

娃娃屋拼布手作坊负责人，日本手艺普及协会指导员、日本小仓手艺缎带刺绣指导员、日本余暇文化振兴会英国刺绣讲师。

比熊屋拼布坊
林妙贞老师
P.22

TEL: 04-22912769

http://www.i-bear-house.com.tw

喜爱拼布包包的人，一定要将对“布”的执著坚持到底，就一定可以做出满意的作品。

小布点拼布艺术
郭铃音老师
P.27

TEL:02-29170190

http://tw.myblog.yahoo.com/petite-bonbon

Facebook: Little Quilt point

（小布点生活艺术）

为实现拼布梦，从日本文部省通信讲师班毕业后成立工作室，希望借拼布教学认识更多同好。第一次在《巧手易》发表个人喜爱的羊毛毡技巧搭配拼布作品，希望读者会喜欢。

小野布房
魏廷伃老师&简雪丽老师
P.29

TEL: 02-27722007

http://tw.myblog.yahoo.com/onoya_3514/

有个像家一样的工作室，通过创作分享对生活的真实感受、对幸福和美好的追求。这里有音乐、咖啡招待我们的朋友。亲手种植的花草是蓬勃旺盛的生命力。用心、用创作、用双手记录着真实生活中的点点滴滴。

木棉花拼布艺术
李琼惠老师
P.31

TEL:03-5342097

1996年成立木棉花拼布艺术工作室，日本通信社第三届讲师，从事拼布、儿童美术教育19年。

一布一脚印的拼拼凑凑
黛西老师
P.33

http://tw.myblog.yahoo.com/quilter-daisy/

自2007年接触手作布偶后完全爱上布艺，也让自己成为动不停的拼布人，不断尝试与学习，从中获得精神上的满足与踏实，愿用一布一脚印的拼凑努力完成梦想！

潘妮拼布
潘妤莹老师
P.36

TEL:04-2333-5690

http://tw.myblog.yahoo.com/penny227320/

做拼布至今近6年，心想我总是跟随教室里妈妈们想要的去做，流行什么就如法炮制，没有属于自己想要发展的领域。现在利用过去所学的POP来进行拼布上的改变，利用自己爱幻想的心思，创作爱幻想的多妮。2012年11月出版新书《打开多妮的贴布缝日记》好评热卖中。

Su玲满手创
苏玲满老师
P.38

http://tw.myblog.yahoo.com/nienandsu-beartwo/

人气图案“厨娃”“阿粘熊”原创设计者。手作，让人有颗暖暖的心，幸福的拼图一针一线慢慢缝制，就是爱手作！著有畅销书《好可爱拼布——厨娃、阿粘熊、粘粘兔》，现正好评热卖中。

布伊坊
映衣老师
TEL:0988-630256
http://tw.myblog.yahoo.com/sewinghouse-youi
P.40 & P.82

日本女子文化大学服装社会学研究所毕业，研究拼布与社会关系，日本手艺普及协会指导员资格，现在师从拼布作家小关铃子。用拼布也可以拼出自己的人生色彩。

八色屋拼布♥彩绘
陈慧如老师
TEL:02-22916767
http://www.e-colors.idv.tw
P.42

1997年成立八色屋拼布木器彩绘教室，喜爱拼布手作，为了一圆爱涂鸦的梦，1998年又一头栽进了彩绘世界，个人第一本拼布创作书《布可能！拼布、彩绘、刺绣在一起！》人气好评热卖中。

Ann
patchworkerann@gmail.com
P.44

自由作家。《巧手易》杂志内专栏作家，喜欢制作、设计专给儿童使用的可爱拼布小物，连载持续中。

Kat's quilt garden
阿Kat老师
TEL:03-4923937
http://www.wretch.cc/blog/quilterkat
P.46

喜欢玩布块拼接与配色游戏，特别钟爱20世纪30年代复刻版布与小关铃子风格，深信拼布会带来令人愉悦的心情，让生活更温暖美好，让自己永远年轻！

陈莉雯老师
gretachern@gmail.com
P.62

自由作家。“I LOVE HOBBYRA HOBBYRE”连载作家，喜欢布的舒服质感，创作出自己最爱的手作风布作。

幸运草机缝拼布
陈玉金老师
TEL:0937-811690
P.64

幸运草机缝拼布教室负责人，擅长使用各式素材、工具搭配拼布作品，于《巧手易》杂志内配合人气专栏好评连载中。

隆德贸易有限公司
苏怡绫老师
P.66

◆本期封面作品作者◆

- 日本手艺普及协会手缝指导员
- BERNINA NSP讲师

玩布小铺・手作天堂
欣汝&淑茹老师
TEL:02-29579298
http://wanbu.pixnet.net/blog
P.68

快乐、温馨、自在是玩布小铺的坚持；让生活越来越甜是我们的梦想；但愿在玩布小铺的手作天地里，您能拥有更多幸福、乐趣及成就感。

蔡惠敏老师
TEL:0932-565349
lano19@gmail.com
P.70

纽约工业技术学院硕士，主修视觉传达。从事拼布创作十年，并取得日本手艺普及协会讲师证书。

隆德贸易有限公司
李青绮老师
P.73

- BERNINA 机缝讲师

中原きよ子老师
kiyoko_n4808@d3.dion.ne.jp
P.80

- 拼布资历19年
- 美国AQS入选
- World Quilt Competition入选
- IQW浜入选、入赏
- **キルト**日本大赏入选、入赏

熊手作
陈节老师
amy95251620@yahoo.com.tw
P.86

1990年成立熊手作拼布教室、日本Patchwork通信社第一届毕业，1993年曾获日本清里拼布周93`拼布部门赏，1994年作品《兔子的梦》于第二次日本Patchwork交流获第一名，1998年作品《青春舞曲》于台湾省工研究所第六届征件入选，2000年获邀于诚品书店成立《私房拼缀》师生创作联展，2010年迄今为隆德贸易有限公司美术顾问。

拼布坊
谢美玉老师
TEL:03-5425800
http://tw.myblog.yahoo.com/millerhome-9999
P.90

遨游于针线的快乐中，就如同蝴蝶飞舞于花丛中时的感动，175拼布坊邀您一起舞拼布。

龙呆家族的拼布聚会（第六回）

一起过新年

双龙吉祥吊饰

双龙交接，一起迈向新纪元，
祝大家吉祥，新年快乐！

作品设计、制作、做法提供／布里红共学社
摄影／萧维刚　文字／Magi　美术设计／陈启予

完成尺寸：约15cm×26cm

双龙吉祥吊饰制作方法请参考P.52、53

■ 内附原尺寸图

蛇（舍）得·小壁饰

作品欣赏

有舍才有得，

不舍永远无法顿悟，

光阴一逝永不复返，

把握每分每秒才是王道。

作品尺寸：约18cm×38.5cm

手工秀 内地手作创意大收集

吉蛇迎春

栏目策划/刘欣
编辑/梁莹莹
作品提供/清水湾

作别龙年的好运，
迎来蛇年的吉祥。
舞出快乐的旋律，
谱写新年幸福的篇章！

拼布生活提案

Living room 客厅

悠闲的午后，窗边洒落一地温暖的阳光，

拿起书本慵懒地窝在沙发里，

一边品尝香醇的香草拿铁、

一边幻想着自己就是书中的主角，

无拘无束地悠游于虚幻的国度里，

客厅就是这么一个让人可以放松的地方，

在这里你可以装饰成任何场景，

而你就是主角，

现在，你想好要怎么装扮你的客厅了吗？

文／晴天

洪凤珠老师的
甜蜜家客厅

作品设计、制作、提供／洪凤珠老师　摄影／郭瑛真、曾奕睿　编辑／Magi　美术设计／陈启予

用爱拼出温馨、朴实的甜蜜客厅

文 / 圣心

北风呼呼地吹，冷空气中还飘着雨丝，接近下班时刻，透过窗望见黑月星空的孤单，走出办公室就能感到一丝丝的寒意迎面扑来！好想马上回到暖和的家哦！

那里收集了最开心的笑声，拥有最温暖的臂膀，在我开启幸福大门时，映入眼帘的是大大的Welcome。暖暖的布拖鞋，让我卸下一整天的疲累。我赖在沙发上当个慵懒的马铃薯人，抱着爱心抱枕，再来一大盆爆米花，好好享受休息时光。平凡的地方，也有无可取代的原汁原味的幸福。

室内拖鞋

制作方法请参考P.49 ~ 51
内附原尺寸图

不论如何疲惫，
一踏进你用心布置的窝，
我就能洗尽心灵的尘埃，
泡壶热茶，休息一下，
明天再加油吧！

完成尺寸：	甜蜜家抱枕	约 30cm × 40cm
	室内拖鞋	约 15cm × 26cm
作品尺寸：	脚踏垫	约 82cm × 30cm
	花朵置物盒	底直径 7cm × 高 9cm

作品欣赏

花朵置物盒

像朵不凋谢的花，
可装饰客厅又非常实用！

设·计·概·念

用棉麻风来打造居家客厅，只需使用零碎的布片，运用贴布缝或刺绣技巧，即可打造出温馨的客厅。

拖鞋的设计也非常朴实，花些时间帮全家做出属于家族专有的拖鞋，这么简单就是无可言喻的幸福生活喔！

甜蜜家抱枕

抱着你给我温暖，

给我力量，

如同我心灵的寄托。

甜蜜家抱枕

HOW TO MAKE

做法绘图 / 林巧佳

★内附原尺寸图

材料

素麻布 45cm、填充棉 1 包

花布 10 种 10cm × 12cm 各 1 片

单胶铺棉 35cm × 10cm1 片

绣线 25 番 1 束、百丽带 1 片

裁布

A、B：素麻布各 1 片（缝份 1cm）

（正）a ~ j：花布 10 种各 1 片（缝份 1cm）

（反）a' ~ j'：花布 10 种各 1 片（缝份 1cm）

C：花布 1 片（缝份 0.7cm）

做法

1. a ~ j，a' ~ j'：平针缝合成心形，缝份向下倒。

2. 再与 A 布平针缝缝合。
3. A 布贴布缝上 C（♥）。
   用水消笔写上英文字母，用绣线绣上轮廓绣。
4. 烫上单胶铺棉。
5. 压线、缝上百丽带、扣子（位置可随个人喜好摆放）。

6. 与背布 B 正面对正面半回针缝缝合，留返口，缝合后修剪铺棉，凹点处请剪牙口。

7. 从返口处翻至正面，放入填充棉，返口藏针缝缝合。完成。

完成图

张慧玲老师的
圣诞 Party 客厅

作品设计、制作、提供 / 张慧玲老师　摄影 / 郭璞真、曾奕睿　编辑 / Magi　美术设计 / 陈启予

欢乐缤纷的季节客厅

文／圣心

12 月是个充满欢乐和喜悦的季节，早已备好糖果篮，并满心期待圣诞老人的到来。只是还会担心爱吃的圣诞老人会从哪个窗户爬进来呢？万一窗户太小挤不进来怎么办？干脆我把拼好的圣诞袜挂在树上点缀，并且许下明年新愿望，这样一来年纪大的圣诞老人也不会太累了！

我现在担心的是，坚持在雪地里等着跟着雪花精灵一起翩翩起舞的雪人，只围条围巾，冷得直打哆嗦。那就先把面纸盒备好吧，免得鼻涕双管齐下，坏了乐趣。

Living room

完成尺寸：圣诞面纸盒　约 22cm×10cm×9cm
作品尺寸：收纳盒　约 21cm×20cm
杯垫　约 12.5cm×12.5cm
餐垫　约 40cm×26cm
圣诞老公公、老婆婆　约 15cm×25cm

作品欣赏

圣诞老公公、老婆婆

如同彩色盘子般的缤纷，点亮了客厅的色彩，收纳盒帮大家收纳一整年的欢乐。

作品欣赏

收纳盒

为了圣诞节，猪爷爷及猪奶奶特别应景地换装与大家同乐，Merry X'mas ！ 派对开始喽！

设·计·概·念

用热情的大红色做基底，让今年的圣诞节更加温暖、更加热闹，即使小孩已长大，利用特别的节日，集合朋友们欢聚一堂，增添人生快乐回忆。

圣诞面纸盒

嘴边沾满饼干屑时，需要它；

与好友聊天说地吃美食时，需要它；

一起看感人电影时，也需要它。

圣诞 Party 的这一天，怎能不帮它做新衣服呢！

圣诞面纸盒

HOW TO MAKE

做法绘图／林巧佳
★内附原尺寸图

材料
配色布
主色布
背布（里布）
滚边布（斜纹）
压线少许
松紧带
直径 10mm 的红色扣子 3 个

做法

1. A、B、C、D 拼接完成 2 组。

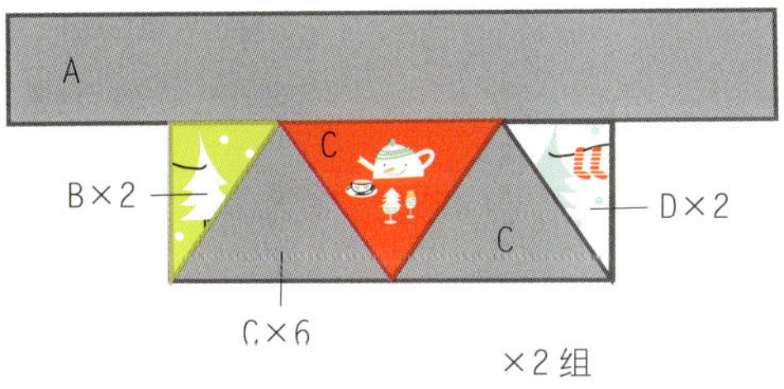

2. 表布与里布的正面相对，再如图与铺棉缝合。

3. 缝合线部分需修掉多余的铺棉（缝份的棉），并在转角处剪牙口，再翻至正面。

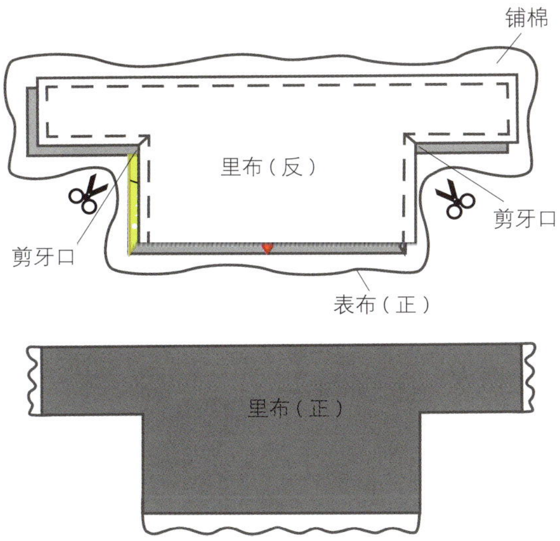

4. 完成 2 组压线再卷针缝缝合，留 10cm 抽纸缝口（☆处卷针缝缝合）。

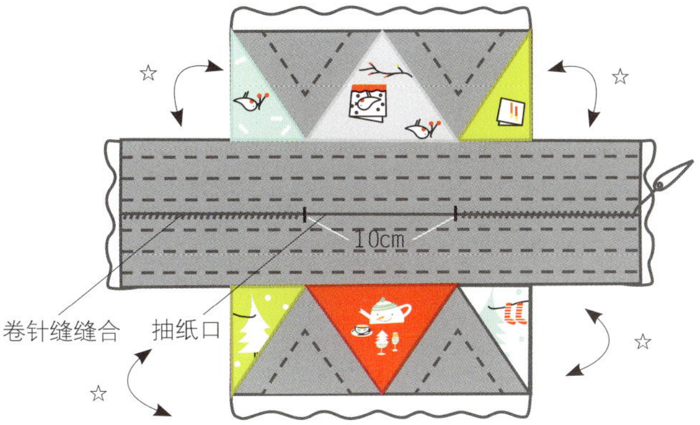

5. 完成面纸盒后，再将底部一圈滚边即可。
※ 滚边时要夹缝 2 条松紧带，各 11cm 长。

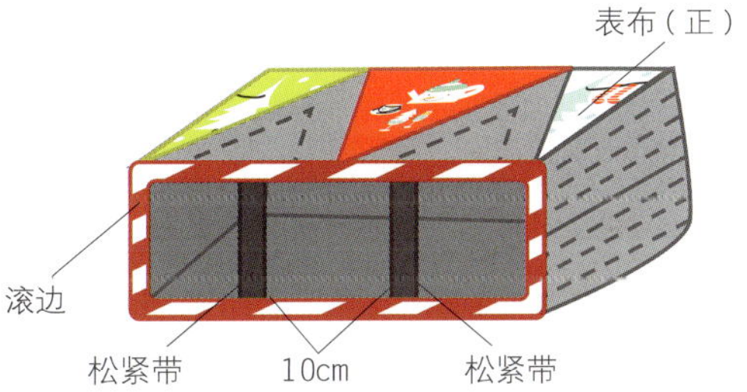

6. 圣诞叶的表布与里布正面相对加铺棉三层缝合一圈并留返口，从返口翻至正面再缝上叶脉装饰线即完成。

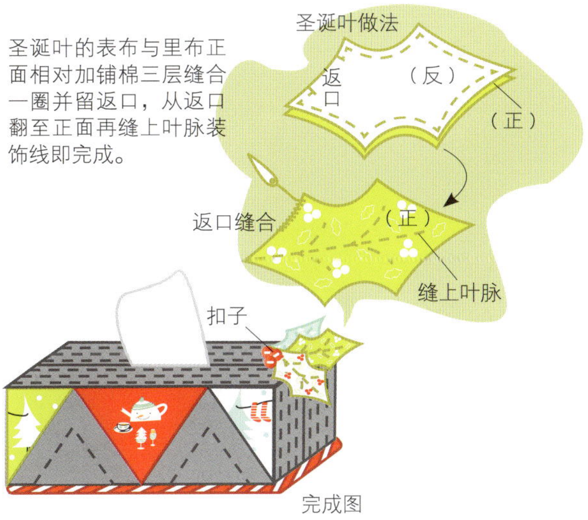

郭珍燕老师的
福气满门客厅

作品设计、制作、提供／郭珍燕老师　摄影／郭璞真、曾奕睿　编辑／Magi　美术设计／陈启予

充满自然的森林气息

文／圣心

飘散在空气中的森林气息，让人仿佛走入小红帽的森林里，一路上布满树叶、藤蔓，四周还有虫鸣鸟叫。幸运地遇见充满智慧的猫头鹰老先生，它们瞪着大大的双眼，如同迎接贵客似的排排站好，发出欢迎的叫声，开心地迎接大家来到奇幻的森林。

那是我们旅途中看见的可爱纪念品，不同的表情、逗趣的模样，深深地印在脑海里，于是成了桌上、墙上最佳开心的演绎者，也成了最温暖的拥抱。

即使时光再久，只要看见具有特色的猫头鹰，总会想起当年我们三五好友坐在一起，诉说着冬日的美好时光。

作品欣赏

猫头鹰挂饰

简单的拼接再加上逗趣的压线图案，
挂在客厅内仿佛天天在森林里享受虫鸣鸟叫。

作品欣赏

猫头鹰信插＆杯垫

除了做信插之外还可收纳杯垫，每只猫头鹰的表情都不同，
与朋友喝茶叙旧时，仿佛多了许多倾听的伙伴，
温馨又热闹。

完成尺寸：	猫头鹰抱枕	约 40cm×42cm
作品尺寸：	猫头鹰信插	约 53cm×29cm
	猫头鹰杯垫	约 19cm×15cm
	猫头鹰挂饰	约 110cm×70cm

设·计·概·念

猫头鹰在日本，因为发音的原因有不辛苦及招福之意，以全系列的概念设计出实用又表情不一的猫头鹰，天天在这种客厅中生活，一定福气满满的。

猫头鹰抱枕

圆滚滚的大眼睛猫头鹰，
陪着宝宝念书学知识。

猫头鹰抱枕

HOW TO MAKE

做法绘图 / 林巧佳

★内附原尺寸图

表布、后背布 60cm
肚子（米色点点布）30cm
眼睛（米色、黄色）配色布 15cm
翅膀用布 30cm
黑色羊毛布 15cm
铺棉
布衬
坯布
拉链 35cm

做法

1. 表布依顺序贴缝上图案。
2. 表布、铺棉、坯布，三层一起压线，完成后绣眼珠（羊毛布）。

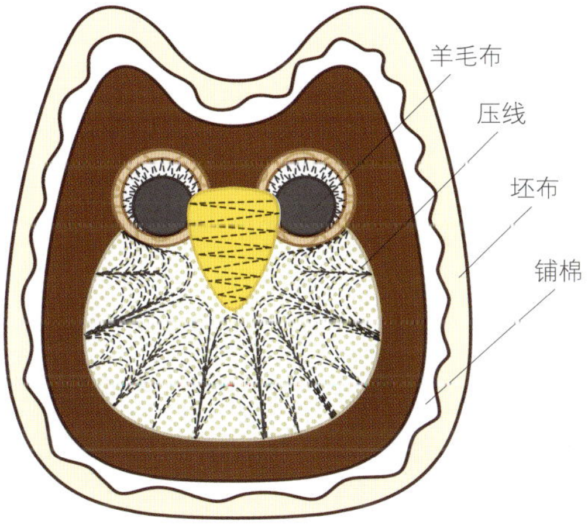

3. 翅膀做法：表布、铺棉、坯布，三层一起压线，完成后与后表布（布的正面相对）相接缝合一圈留返口，由返口翻至正面再藏针缝缝合返口。

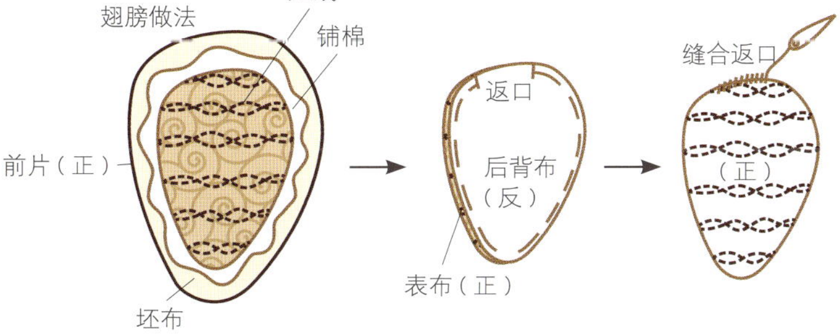

4. 后片烫上布衬，上、下片表布与拉链 35cm 一同夹车。

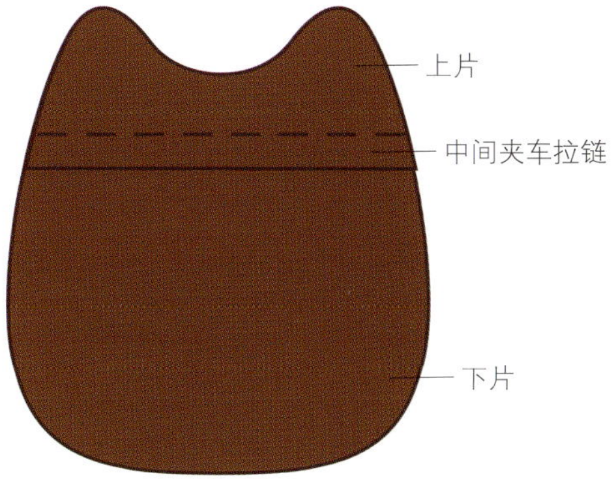

5. 前表布、后表布一起接合，内滚边收边或拷克。

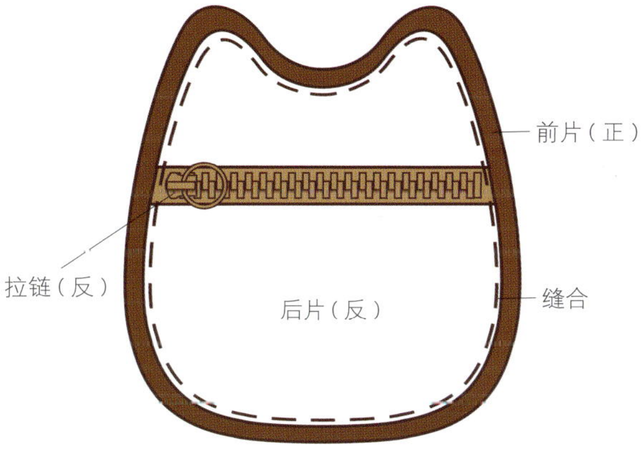

6. 翅膀藏针缝固定在身体上。
7. 塞入枕芯，完成。

完成图

林妙贞老师的
浪漫玫瑰客厅

作品设计、制作、提供／林妙贞老师　摄影／郭璞真、曾奕睿
编辑／Magi　美术设计／陈启予

相约巴尔地摩的拼布客厅

文 / 圣心

冷冷的天，最喜欢窝在沙发上，泡一壶热茶、看一本想看的书，悠闲地享受片刻宁静。累了，可以伸伸懒腰，或是随手利用手边的布片来场“相约巴尔地摩”的拼布时光吧！

温暖小盖被也可以单纯地摆在沙发上或当桌巾。再加个花朵般的靠垫，舒适的蓬松度刚刚好！那充满阳光气息的黄色调搭配清新的绿色，总会让阴郁的冬日里散发出柠檬的清香。心情也跟着期待春天的花朵快快盛开。

完成尺寸：玫瑰置物盒　约 34cm×25cm×5cm
　　　　　玫瑰抱枕　　直径约 39cm
作品尺寸：玫瑰壁饰　　约 82cm×82cm

作品欣赏

玫瑰壁饰

以黄色为主、绿色为辅，拼贴出简洁、吸睛的壁饰，浪漫可以营造，生活态度可以学习，要改变就得花心思。

玫瑰抱枕

制作方法请参考P.56~59
内附原尺寸图

设·计·概·念

用一系列的黄色设计出朵朵玫瑰花，除协调性绝佳之外，也让沉闷乏味的空间挥洒上元气、幸福的黄色基调，真是浪漫十足。

玫瑰置物盒

简朴的木桌上搭配优雅的置物盒，
花点心思在生活设计上，
提升生活品位就是如此轻松。

玫瑰置物盒

HOW TO MAKE

做法绘图／林巧佳

★内附原尺寸图

材料

表布 60cm
里布 60cm
铺棉 60cm
后背布 60cm
配色布 7、8 片
进口纸衬(若山雅子老师爱用)60cm
奇异衬 15cm
冷冻纸 15cm
小珠珠 6 颗
装饰小圆片 6 片（直径 0.8cm)
滚边布适量

做法

1. 将玫瑰花图案画在冷冻纸上再剪下。
2. 将冷冻纸各烫贴于配色布的正面上，外留 0.3cm 缝份再剪下。

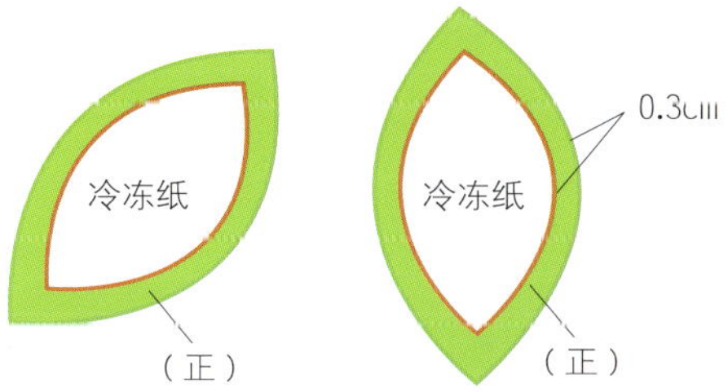

3. 表布 A：将玫瑰花图案转印至布的正面上，再依顺序贴布缝上。

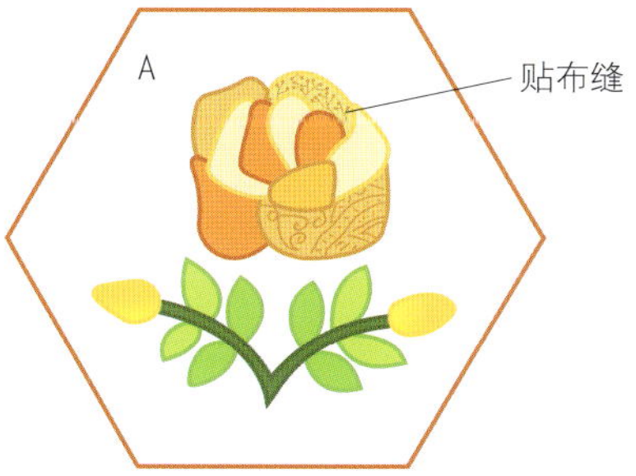

4. 6 片表布各与表布 A 拼接完成整片表布，整片表布、铺棉、后背布，三层一起压线。
5. 四周滚边一圈。

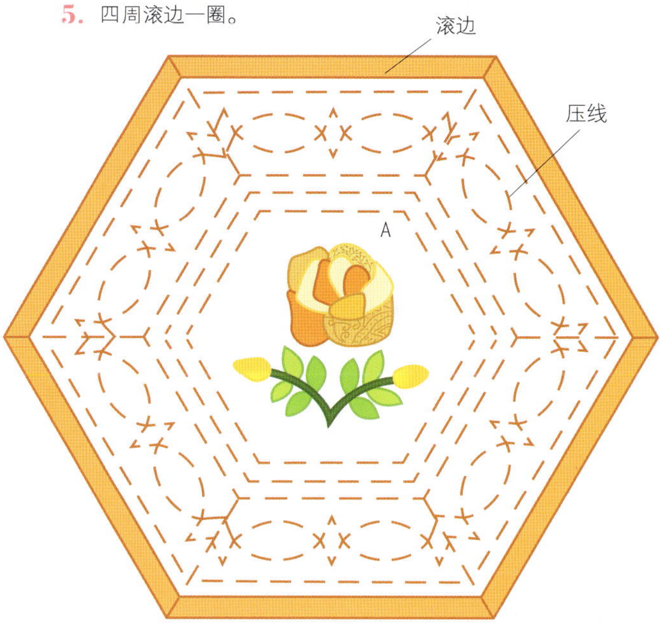

6. 边角各抓 3cm，用藏针缝缝合固定，再缝上小圆片与小珠珠装饰即完成。

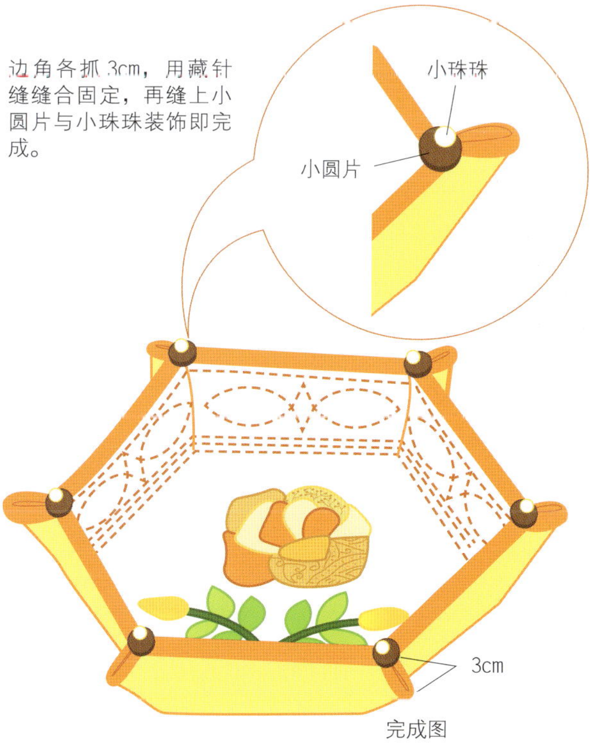

布的食·衣·住·行（第六回）

Food
拼布的食，甜蜜可爱。

Dress
拼布的衣，创意无敌。

House
拼布的住，贴近生活。

Shopping
拼布的行，魅力时尚。

黛西老师·快乐购物趣

小野布房·苏格兰风

李琼惠老师·汪汪的家

郭铃音老师·圣诞美食

姜饼人波士顿包

提着应景的拐杖糖、姜饼人图案的波士顿包参加Party，
X'mas的季节就是好友叙旧的节日。

■作品设计、制作、做法提供／小布点拼布艺术　郭铃音老师　■摄影／Akira　■文字／Magi　■美术设计、做法绘图／林巧佳

Food's Point

运用如松饼的布和羊毛毡
制作成拐杖糖、姜饼人图案，
这样的素材组合，意外地趣味十足。

完成尺寸：约35cm×27cm
内附图案

作品欣赏
棉花糖女孩・圣诞小扁包

圣诞节快到了
棉花糖女孩也换上圣诞装
戴上红红的圣诞帽
开心地准备着party的姜饼人小点心
还有小朋友最爱的拐杖糖
一起度过一个甜蜜的平安夜吧
情境文／郭铃音老师

作品尺寸：约30cm×24cm

材料

(尺寸全部外加缝份0.7cm)

- 表布A 14cm×50cm 2片牛仔布
- 表布B 120cm×10cm格子布（裁成32片3.5cm×4cm、7片4cm×4cm）
- 表布C 4.5cm×50cm 图案布 2片
- 坯布45cm×50cm
- 铺棉45cm×50cm
- 里布45cm×50cm
- 松饼布9cm×9cm7片
- 羊毛毡少许（白、红、绿、浅绿、棕色）
- 水兵带120cm×0.5cm
- 花边2.5cm×100cm1条、2.5cm×30cm1条
- 小木扣6个
- 直径2cm包扣2个
- 拉链45cm1条
- 提手40cm1组

做法

1.裁剪松饼布9cm×9cm共7片，当成羊毛毡刺绣的底布。底布请用消失笔画出4片拐杖糖、2片姜饼人、1片樱桃位置图。

2.白色和红色羊毛各取1克，以大拇指与中指揉成长条并放入温水浸泡1分钟，再以2种不同色揉成红白相间的螺旋状长条，以保鲜膜包住静置两天定型后，才能刺绣在布上。

3.依序在9cm×9cm菱形布上刺绣拐杖糖、姜饼人、樱桃(全部皆以羊毛毡用针（粗针）1支刺绣完成)。

4.将图案布裁成3.5cm×4cm共32片，拼接7片4cm×4cm(外加缝份0.7cm)，如图拼接完成用水兵带车缝菱形一圈装饰，完成A片。

5.中心点以木扣固定住。

6.将羊毛毡刺绣好的松饼布贴布缝在表布A上，成为B布。

7.裁50cm×14cm的牛仔布2片，车缝于B布两侧。

8.裁2条双面图案布，左、右为不同图案，如图分别车缝于两边。

9.将表布、铺棉、坯布，三层一起压线。

10.压好线，整体折双(两侧对齐缝合，注意有格子布时要对齐格子)，剪掉多余的铺棉，翻至正面在袋子两侧压1cm的装饰线。

11.翻到内袋，两侧抓袋底9cm。

12.制作内袋同样抓袋底9cm，套入袋身一起包边(1cm)。

13.固定樱桃提手后，缝上口布拉链45cm，在口布拉链处固定包扣即完成。

口布做法

1.8cm×35cm，2条分别折双之后(布的正面相对)，车缝后翻至正面整烫。

2.两片对齐头尾，车缝上拉链。

小包扣做法

1.直径3cm的圆形布片，反面放入包扣，平针缩缝一圈。

2.蕾丝花边抽褶。

3.将缝好皱褶的蕾丝以布用口红胶固定，放于包扣内并留2cm夹住拉链尾巴。

※可剪蕾丝上的小花装饰于包扣上。

1.2.3

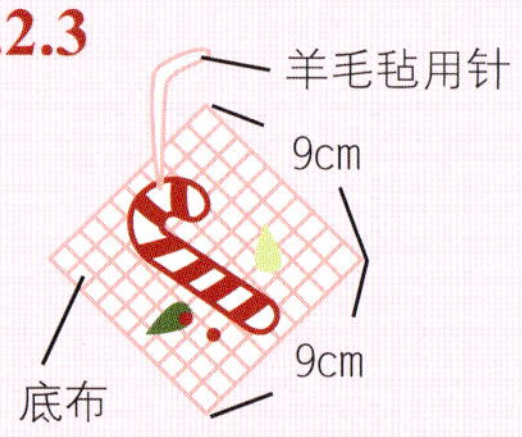

4.5

6

7

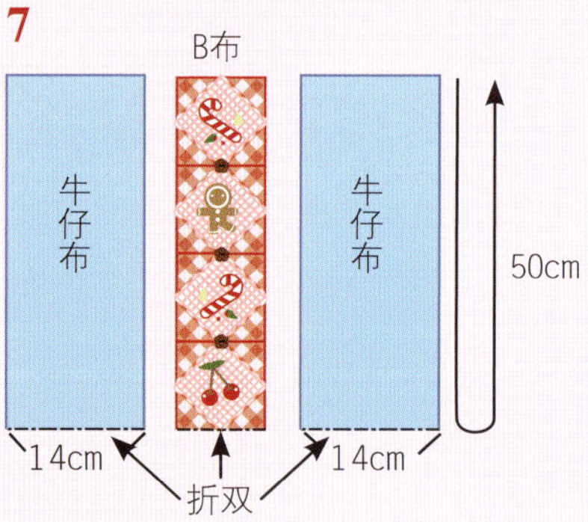

8.9

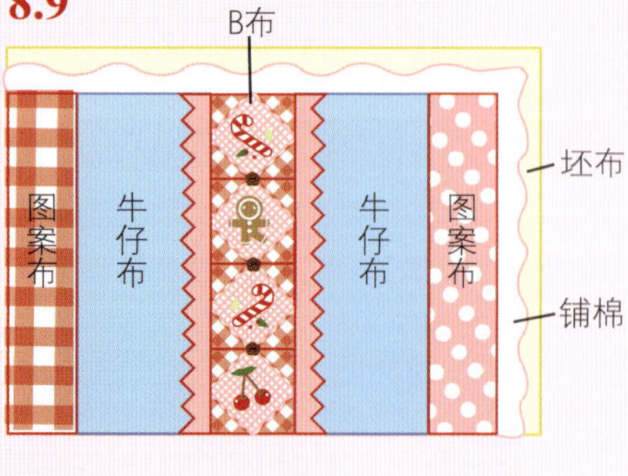

10.11

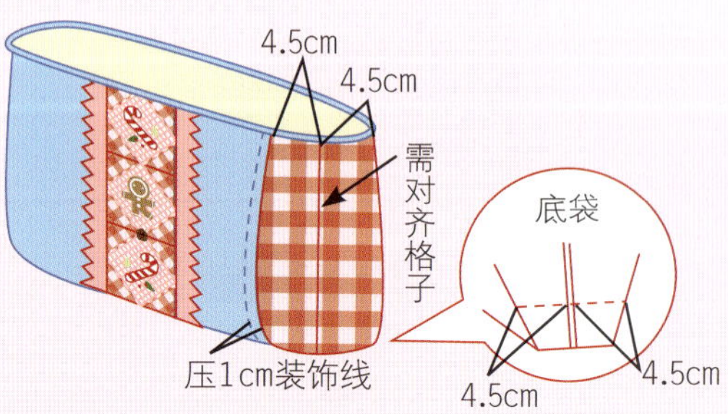

口布做法

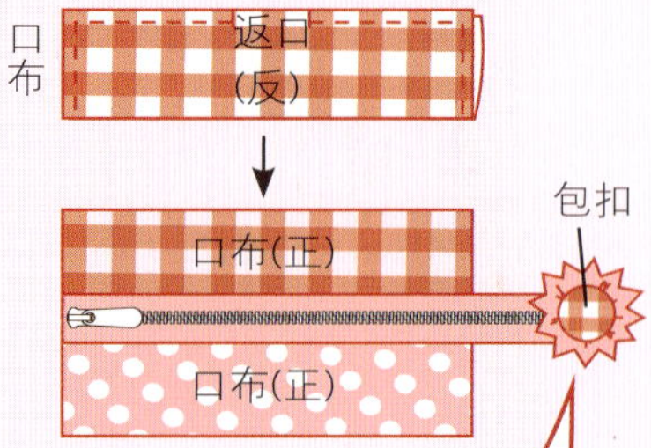

小包扣做法

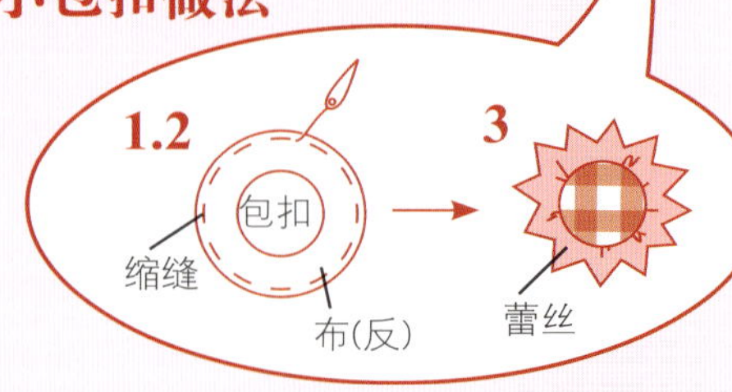

完成图

苏格兰风斗篷披肩

■作品设计、制作、做法提供／小野布房 魏廷伃老师&简雪丽老师 ■摄影／C.CH ■文字／Magi ■美术设计／林巧佳

Dress's Point

简单剪裁，设计感绝佳，斗篷披肩保暖又穿着方便，轻松裤装打扮只要披上它就非常时尚有型。

完成尺寸：横约126cm、前长约62cm、后长约62cm

内附原尺寸图

制作方法请参考P.54、55

帮小熊做一件与宝贝同样款式的裤子，
哥俩好，快乐陪宝贝长大。

汪汪的家护照套

■作品设计、制作、做法提供／木棉花拼布艺术 李琼惠老师 ■摄影／Akira
■文字／Magi ■美术设计／林巧仕 ■做法绘图／韩欣恬
■完成尺寸：约横12cm×直16cm ■内附原尺寸图

把可爱的汪汪狗缝在护照套上，
即将至异乡奋斗的我，
只要寂寞时看着它，
一定可慰藉乡愁。

Back Look

汪汪狗张大了嘴大声叫，
仿佛提醒我别忘了它。

House's Point

朴实的先染布上，
可自由地贴布缝喜爱的图案，
实用之外又增添生活乐趣。

HOW TO MAKE

材料
先染布
棉布
名片套布
扣子
压线

做法

1.先将A、B、C、D布裁好。

2.C、D先拼缝在一起。

3.将A、CD的图先贴布缝好。

4.A、B、CD再拼缝起来。

5.铺棉、疏缝、压棉、刺绣。

6.先将表布与滚边条车缝固定。

7.再将夹名片套布的边先车缝好，疏缝至背面，再将里布与滚边藏针缝合即完成。

1

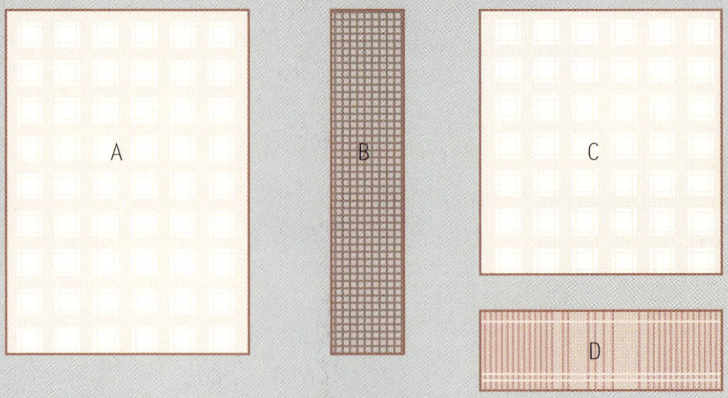

2

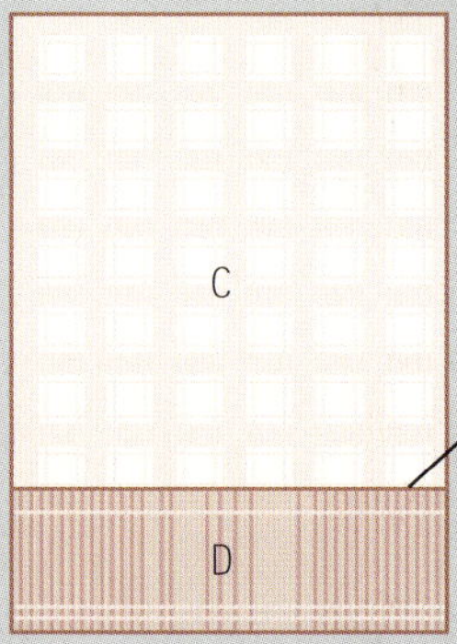

3、4、5

6

7

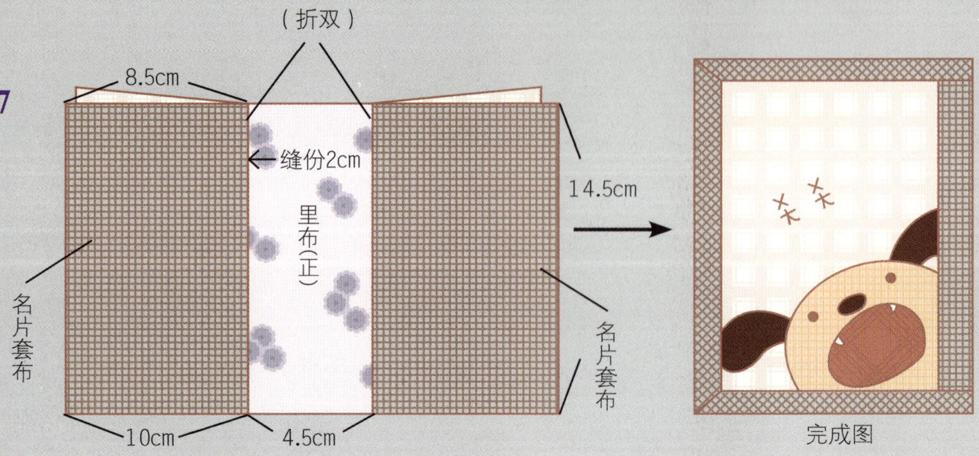

喜气洋洋包

讨喜的图案，精美的流苏装饰，最适合带着它去参加婚礼！感受喜气洋洋的气氛，一起记录人生重要时光！

材料

- 鸡眼扣1颗(内直径1cm)
- 磁扣1颗
- 流苏1条
- 表布
- 里布
- 布衬
- 塑料底板

Shopping's Point

袋形新颖，
单独使用大图案布制作袋子，
少了拼接多了时尚感，
加上流苏的点缀，
更加喜气及华丽。

■作品设计、制作、做法提供 / 黛西老师 ■摄影 / Akira ■文字 / Magi ■美术设计、做法绘图 / 林巧佳
■完成尺寸：约32cm×24cm×8cm ■内附原尺寸图

作品尺寸：约横9cm×10.5cm

喜气洋洋卡片夹

作品欣赏

HOW TO MAKE

做法

1.表布、底布的反面皆烫衬。

2.里布及流苏挂耳2片各如图反面也烫衬。

3.流苏挂耳2片的正面相对，上方返口不缝合之外其余沿布衬车缝U形，再翻至正面打上鸡眼扣，装上流苏及缝上磁扣。

4.里布下缘布贴衬并车缝皱褶。将缝份倒向深色，约0.3处压线。

5.组合上、下里布。

6.先车皱褶处，再组合表布提带最上端。

7.先车里袋小耳，车皱褶，车缝袋缘，将皱褶提带车完整。

8.将袋身车起来。

9.翻到里面车缝底，车缝外袋底。

10.里袋底烫上衬，包上塑料底板。

11.用藏针缝缝上底。

12.将提带压线。

13.完成并加上另一边磁扣即完成。

1、2

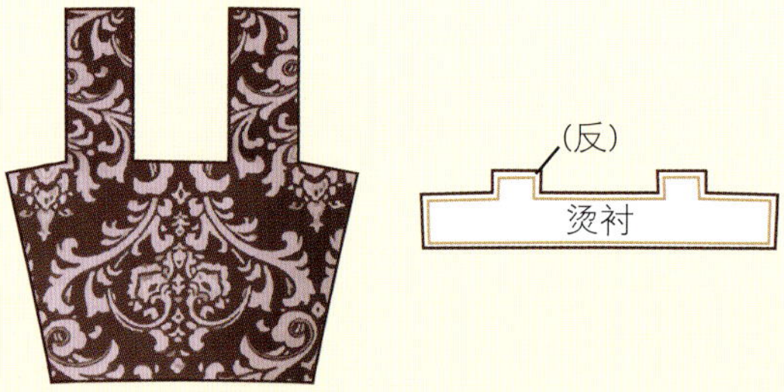

3

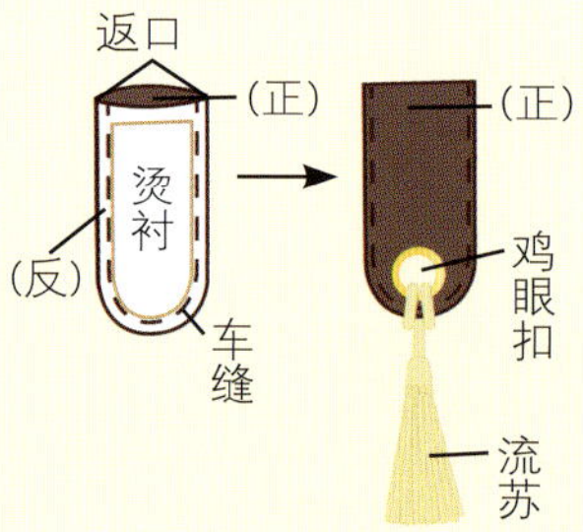

4

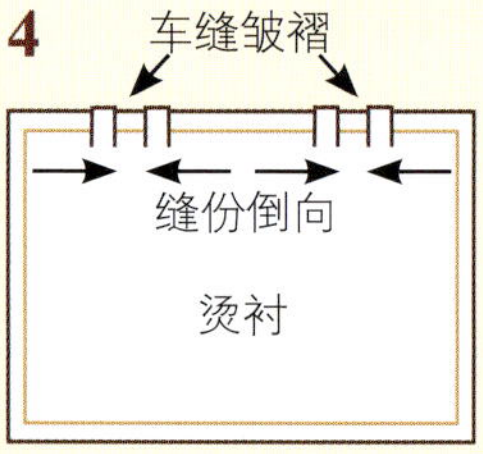

5

6

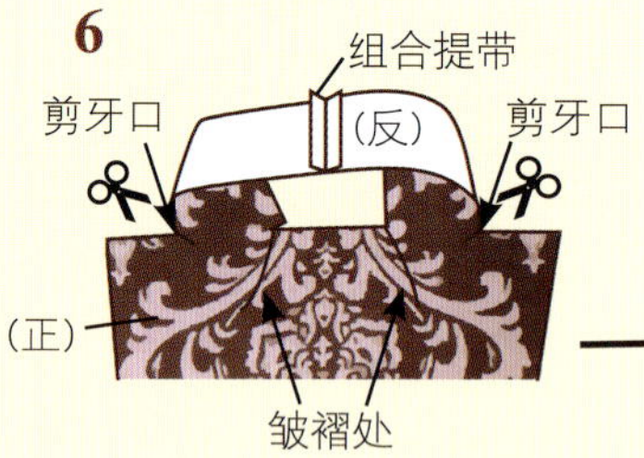

7

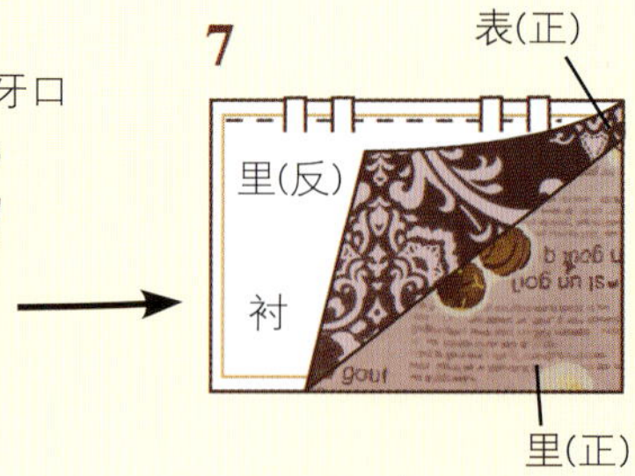

8

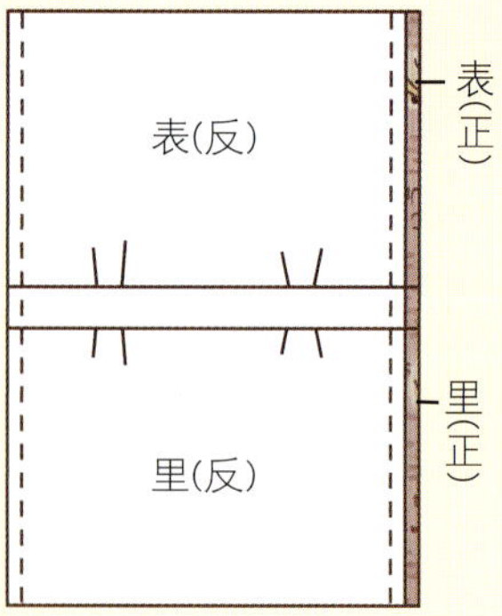

9、10、11

12、13

手作家的布·落·格

将手作创意与网络连接，
拼布的力量无所不在…
独家超人气作者连载，
让你发现布落格的惊喜与美丽。

潘妤莹老师·
多妮的拼布幻想世界

阿 Kat 老师·Kat's Quilt Garden

Ann·Ann 妈咪的拼布小角落

映衣老师·粉领系的蕾丝童话

陈慧如老师·彩绘的美·布知道

苏玲满老师·嗨！花样厨娃！

多妮姐妹花

Donny 5 圣诞吊饰钥匙圈

作品设计、制作、做法提供／潘妤莹老师
摄影／萧维刚　文字／Magi
做法绘图、美术设计／韩欣恬

姐姐：同乐会的礼物你准备什么呢？

妹妹：说了就不稀奇了，猜猜看呀！

Back Look

完成尺寸：约 6cm×15cm
内附原尺寸图

HOW TO MAKE

材料

数片配色布
里布 24cm×16cm
坯布 24cm×16cm
铺棉 24cm×19cm
棉绳 30cm
内径 2cm 包扣 2 个
锁圈 1 组
花扣 3 个
压线适量
蝴蝶结布片 5cm×4.5cm

做法

1. 先将图形描绘在坯布上，再依号码做贴布缝。
2. 加上铺棉，贴布缝完成的表布与里布的正面相对，底下放铺棉，按照贴缝的缝线四周车缝，裙摆处留返口。
3. 修剪多余的铺棉，再用齿状剪刀，修剪四周多余的布至 0.5cm，较弯曲的地方请剪牙口，再从返口处翻至正面（后片做法相同）。
4. 脚的做法：
   将 2 片布的正面相对，底下放下铺棉，依图形车缝，将多余的铺棉修剪至 0.5cm，四边剪牙口再翻至正面。将制作好的脚缝至前片适当位置，再将裙摆的返口处藏针缝缝合。开始压线，压线记得藏线头。
5. 蝴蝶结：如图车缝右边，从下方翻至正面，将下方返口折进去稍缝合，再从中间缩缝，缝上花扣。最后把蝴蝶结缝至帽子上面即可。
6. 包扣：布片四周平针缝，将包扣放置中间缩缝备用。
7. 后片布：贴布缝后把以下图案压线。礼物(轮廓绣2股)、雪人手（直线绣 3 股）、雪人嘴、多妮嘴、眼睫毛（平针绣 1 股）。缝上蝴蝶结、花扣，画上眼睛（压克力颜料）、腮红（用色铅笔）、雀斑（压克力颜料）。
8. 组合：将前、后片合对位置，四边藏针缝缝合至止缝处，再将棉绳穿入锁圈，穿过预留的穿口，拉出棉绳，缝上包扣即完成。

1

2、3

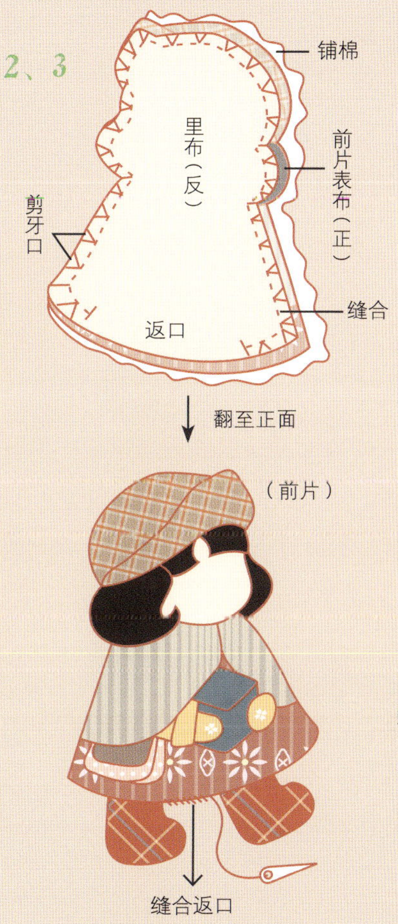

4

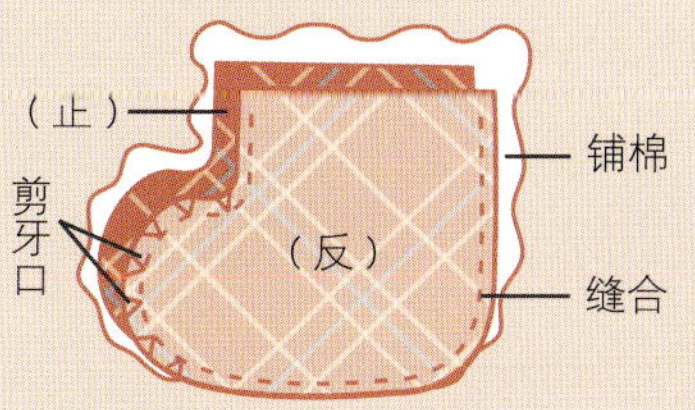

5 蝴蝶结

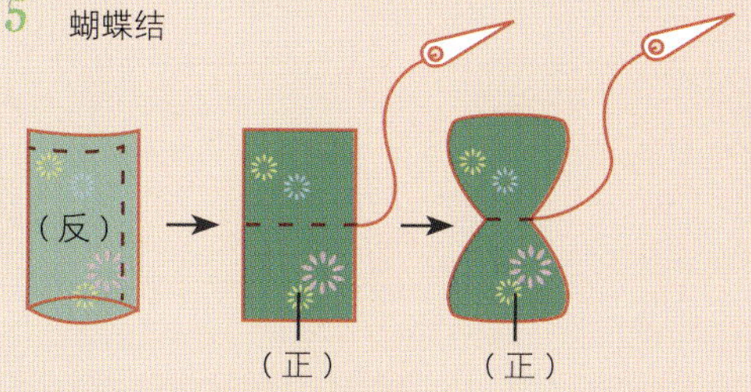

6

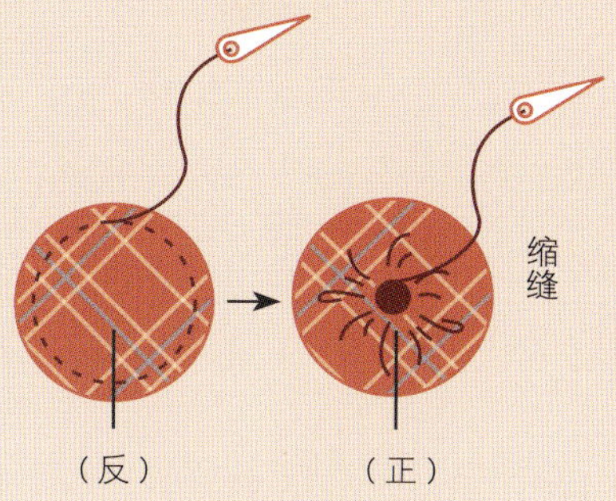

7

8

完成图

多妮与狗狗

创意拼布家潘妤莹老师，全新打造可爱的贴布人物小女孩多妮与她的宠物们，在多妮的拼布幻想世界里，会发生什么有趣的事情呢？跟着她们一起去探险吧！

Dear friends

友谊厨娃 手提万用包

娃摘了朵花儿给蜜蜂："我们合好吧！"
好朋友之间是不该有不愉快，宽恕是让自己解脱的良药，
友谊万岁！

HOW TO MAKE

材料

先染布
贴布片
里布
铺棉
压线(绿色、黑色)
娃娃头发
拉链17.5cm
皮制提手1.5cm×18cm

做法

一.贴布。

1.A表布依序贴布完成。

2.装饰各部位。

二.接合表布。

1.B+C+D。

2.D．+C．+B．+A，再与E、F接合。

*E表布缝份要留1cm。F表布缝份要留2cm（因为压完线之后要往内折2次）。

三.表布、铺棉、里布三层一起疏缝再压线。

*F表布压线不要超过纸型，因为压完线之后，要修掉里布与铺棉的缝份。

四.包边。E表布缝份处包边完成。

五.

1. F表布修掉里布与铺棉的2cm缝份。
2. F表布所留的2cm往里布折2次之后藏针缝固定。

六.提手依位置先固定。

七.缝上拉链。

八.

1.袋身依折线位置内折。
2.车缝后包边完成。

九.4个角车三角底。

十.由拉链处翻至正面即完成。

一、二

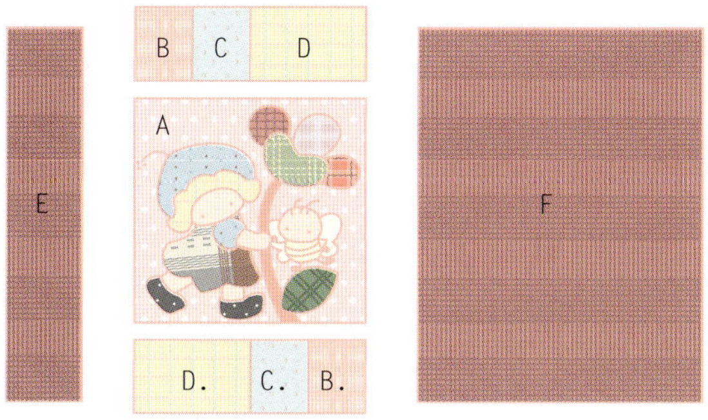

四、五

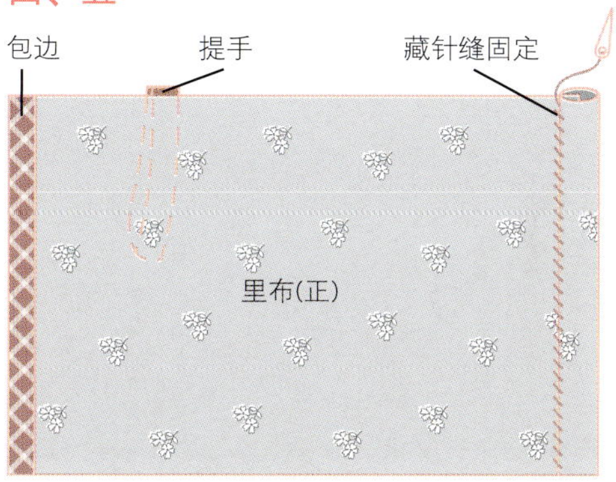

三

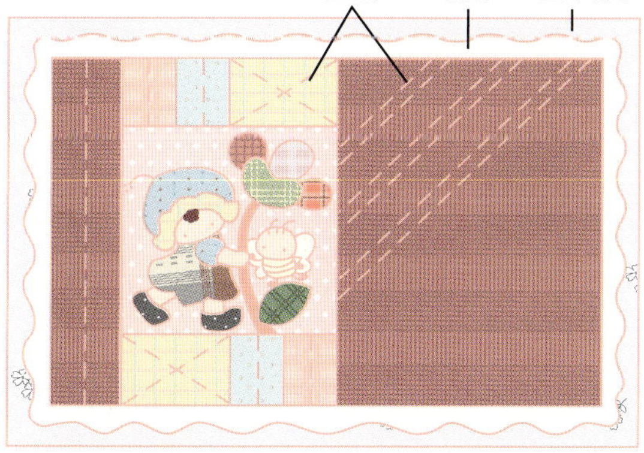

六、七、八、九

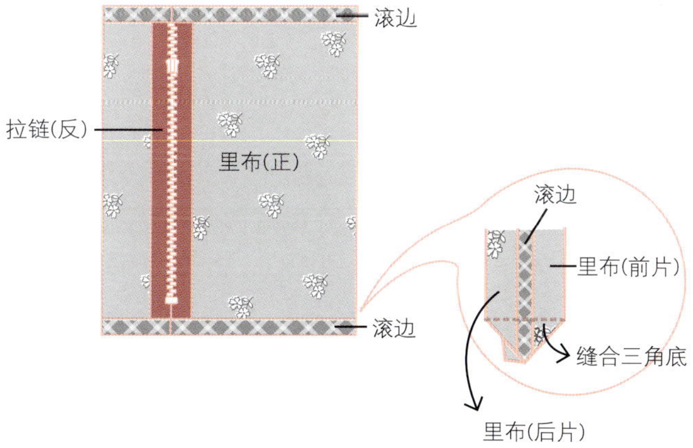

十

完成图

完成尺寸：约15cm×21cm×3.5cm　内附原尺寸图

作品设计、制作、做法提供／苏玲满老师　摄影／Akira　文字／Magi　美术设计、做法绘图／韩欣恬

花样厨娃小档案

好可爱拼布系列的最新诞生人物，取名来自我在部落格上的票选活动。
花样厨娃帽子上的3个结粒绣，代表“爱、快乐、勇气”的种子。　——苏玲满老师

蕾丝秘密

将梦想、希望写于书本里，长大后因现实生活的磨炼，梦想、希望被灰尘所掩盖了，启动勇气，重新粉饰心址，追梦不难，难在抉择，亲爱的，一起逐梦吧！

蕾丝年度记事本套衣

完成尺寸：约15cm×19cm
作品设计、制作、做法提供／映衣老师　摄影／萧维刚
文字／Magi　美术设计、做法绘图／韩欣恬

THE POINT OF LACE

现在有许多看似拼接的布，
设计感及配色都非常优质，
对于爱好拼布者而言真是福音。
不管一起使用或取部分图案，
相信都会做出令人
惊喜万分的作品。

作品欣赏

仿拼接·时尚置物袋

作品尺寸：约18.5cm×9cm

Back Look

HOW TO MAKE

材料

表布A35cm×15cm
表布B35cm×7cm
里布35cm×35cm
铺棉35cm×25cm
底布35cm×25cm
宽蕾丝110cm
细蕾丝35cm
弹性蕾丝适量
扣子3个
衬22cm×20cm

做法

1.先将布片拼接好，3等分的地方，固定两条装饰细蕾丝后，表布、铺棉、底布三层叠好压线。
2.用宽蕾丝把中间的部分围一圈，两端要多留一些作为提手，固定蕾丝。
3.把里布裁好后再裁挡片2片，10cm×19.5cm（不含缝份），然后烫衬。
4.将表布、书签蕾丝、弹性蕾丝、挡片、里布依顺序固定后，缝合一圈并留返口(布要缝到表布的蕾丝)。
5.翻至正面，整烫后缝上扣子即完成。

1

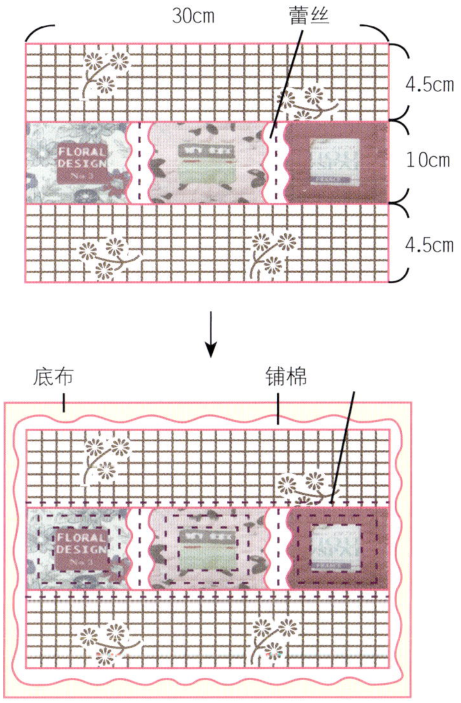

3

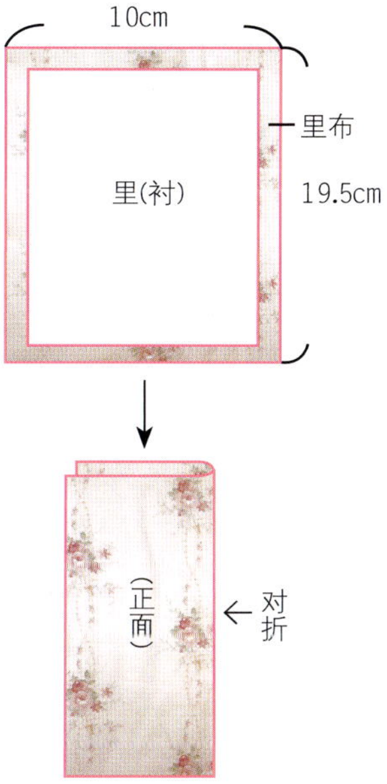

2

4

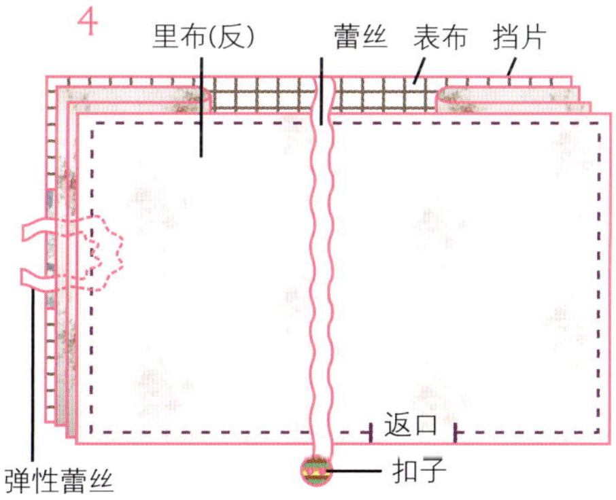

5

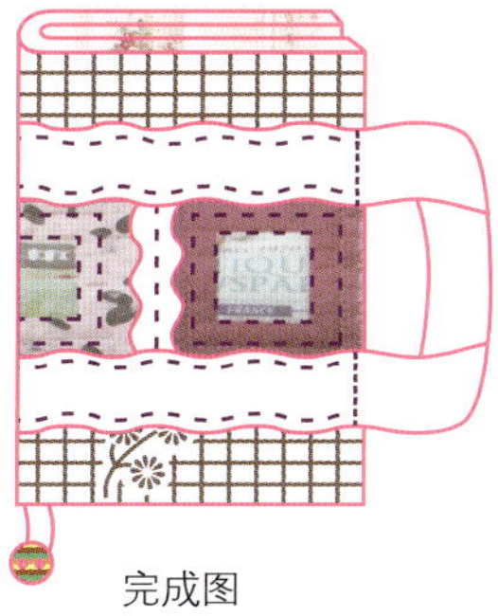

完成图

圣诞红小提袋

布包加彩绘图案，
这就是意义非凡的圣诞礼物。

细雪纷飞，街头霓虹灯闪烁，
街上满是等待狂欢庆祝的人群，
朋友，彼时的你在何方？
祝你圣诞平安、快乐！

内附图案
完成尺寸：约23cm×27cm

材料准备

使用素材：SK-01211
使用颜料：DSM-1、DSM-20、DSS-19、DSS-22、DSS-23、DSS-25、DSS-48、DSS-78、DSS-101
使用笔型：10号平笔
3号圆笔
10/0号线笔
3号型染笔
型染版

■作品设计、示范教学 / 陈慧如老师　■情境摄影 / 詹建华　■教学摄影 / Nanami　■文字 / Magi　■美术设计 / 林巧佳

HOW TO MAKE

简称：B=底色
S=暗面
H=亮面
S/L=单边渐层

1 圣诞红用3号圆笔上色B / DSS-22+25(1：1)约两次。

2 画阴影，在上色处扫一层薄薄的水，用S/DSS-78做出渐层感。

3 第一层亮面，在上色处扫一层薄薄的水，用H1/DSS-22做亮面。

4 第二层亮面在上色处扫一层薄薄的水，用H2/DSS-22+DSM-20做范围较小的亮面，并用DSS-78勾勒轮廓。

5 叶子用3号圆笔上色，B / DSS-19约两次。

6 画阴影，在上色处扫一层薄薄的水，用S/DSS-101做出渐层感。

7 画亮面，在上色处扫一层薄薄的水，用H/DSS-19+DSM-20做范围较小的亮面。

8 城堡，用圆笔干刷，DSM-1。

9 将城堡上一层薄薄的DSM-20。

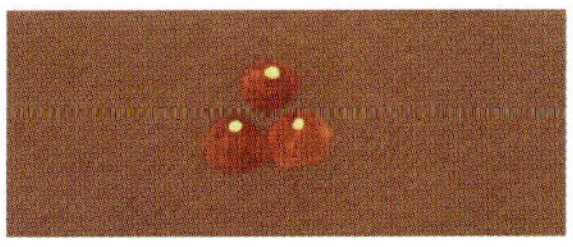

10 果子，B / DSS-25， H / DSM-20点点。

11 松叶，用线笔B / DSS-19。

12 用线笔H / DSM-20。

13 铃铛用3号圆笔上色，B / DSM-20+DSS-23。

14 阴影DSS-23，平笔单边渐层，亮面H / DSM-20。

15 圣诞袜口布用10号平笔上色，B / DSS-48约两次。

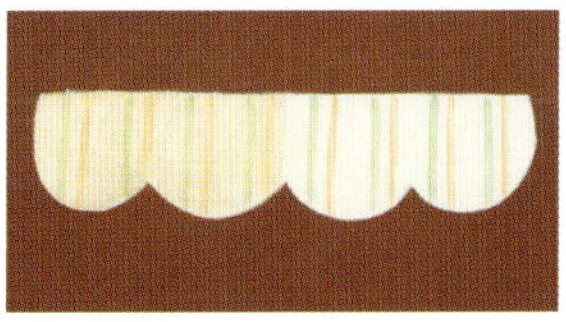

16 条纹，用圆笔DSS-22+DSM-20，DSS-19+DSM-20加水稀释，整体染色DSM-20+DSS-23。

17 雪花型版用型染笔B / DSM-1轻拍。

18 雪花染色DSM-20即完成。

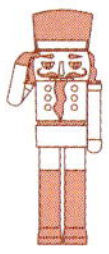

绘本风小壁饰　胡桃夹子士兵

作品设计、摄影、文字提供 / Ann　美术设计 / 韩欣恬　内附原尺寸图

每年这个季节，总是想做一些和圣诞节有关的手作，这次应景来做一位我最喜欢的圣诞节主题人物——胡桃夹子士兵。

在画草图设计图案时，女儿看到士兵的嘴，很好奇地问他为什么要露出牙齿？我上网想找影片让她知道，胡桃夹子的牙齿是用来压碎坚果的壳，结果意外找到完整的胡桃夹子芭蕾舞剧影片，母女俩快乐地欣赏了一段精彩的表演，胡桃夹子真是个美好的圣诞节故事，英勇的士兵王子和美丽的糖果王国，令人好向往这梦幻的童话世界国度呢！

做完小壁饰，突然感受到圣诞节的脚步越来越近了。该是摆出圣诞树的时候了，对了，今年还要记得买个胡桃夹子娃娃小吊饰喔！

HOW TO MAKE

1. 依照纸型，利用双面衬烫贴棉布，制作士兵及城堡贴布图案，贴布边缘以同色线立针缝固定。

2. 以两股浅黄色绣线绣上士兵胸前装饰线条、帽檐及旗杆。肩部穗带以四股卡其色绣线绣上。

3. 以耐水性细字颜料笔画上脸部表情。我习惯用一般文具店买得到的0.38极细耐水性笔。绘制完，隔着棉布以高温熨烫，将颜料定型。

4. 以两股绣线绣上靴子的绑带、城堡的窗户。

5. 将表布、棉衬与里布三层一起疏缝固定。

6. 边缘以斜布条滚边1cm。最后以星星亮片装饰城堡及士兵帽，即完成小壁饰。

Kat's Quilt Garden

Plant 6

冬日大理花

温馨的呵护
万花筒扁包

Back Look

转动炫目的万花筒，
总是呈现令人惊喜的画面，
如同无法预测的多变的未来，
何时会出现令你满意的光芒，
这种不可预知，
才更令人期待。

完成尺寸：约27cm×37cm
作品设计、制作、提供 / 阿Kat
摄影 / Akira
文字 / Magi
美术设计、做法绘图 / 韩欣恬
内附原尺寸图

花的小字典

冬日大理花Winter Dahlia

冬日大理花花语：转移兴趣，华丽。
大理花就是非洲菊，也叫太阳花，因为如同冬日的暖阳令人感觉温馨。

HOW TO MAKE

※(实物大纸型不含缝份，请预留缝份剪裁)

做法

1. 在花布上面取出相同图案的布片 A 共 8 片，配色布 B 共 8 片，配色布 C 、D 各 4 片。
2. 依照拼接图形将前袋身图案拼接完成，铺棉再压线。
3. 后袋身不用拼接，可用压线图案来呈现。
4. 前后袋身、下袋身布接合成表袋，裁剪相同大小里布制作里袋。
5. 里袋套入表袋内，袋口滚边收尾，固定提手即完成。

材料

花布 90cm(依实际图案来决定尺寸)
配色布 3 款各 30cm×30cm
后袋身布 30cm×30cm
下袋身布 12cm×60cm
里布 45cm×65cm
袋口滚边布 4cm×60cm(斜纹布)
铺棉 50cm×70cm
提手 1 组

1

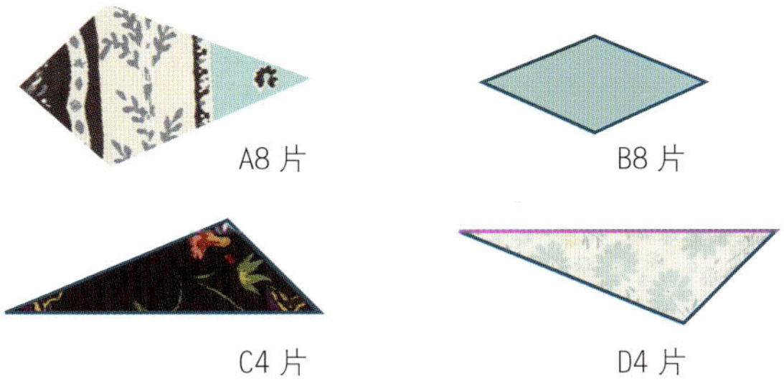

2

前袋身

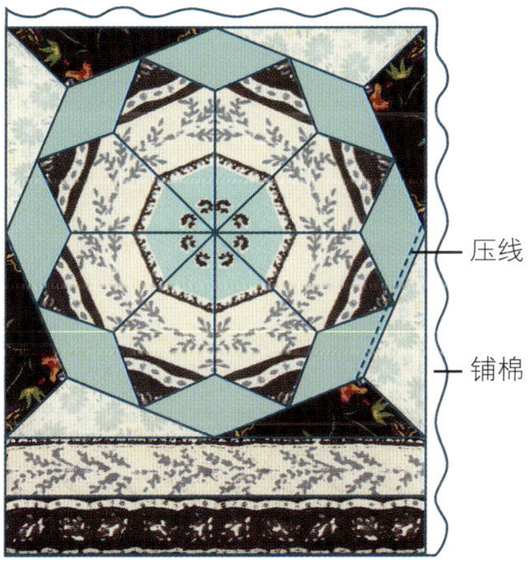

3

后袋身

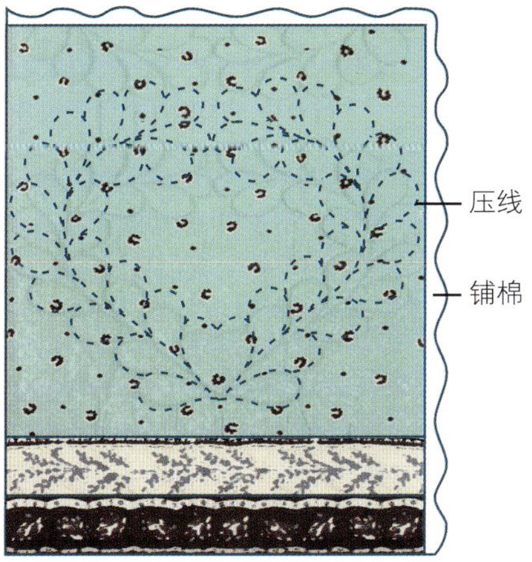

4

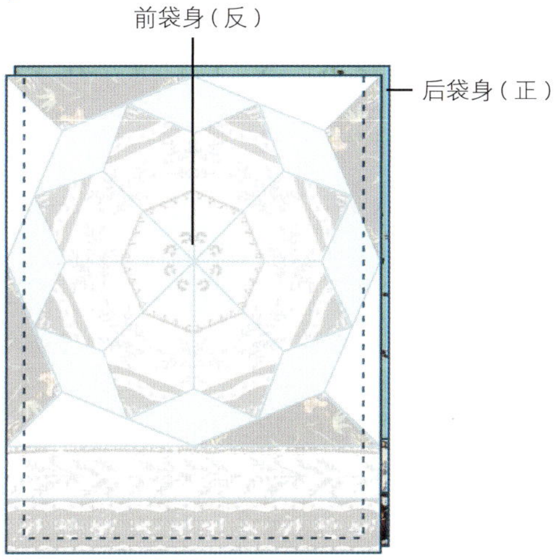

5

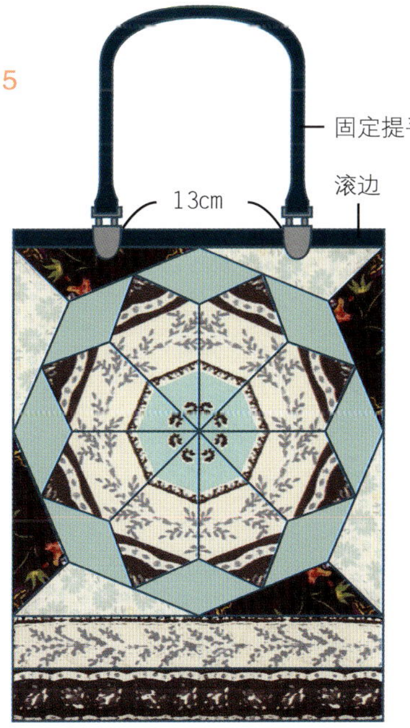

完成图

How to make

缝纫生活的乐趣，来自于每一天都有新创意。

用放大镜观察手作小细节，就跟着我们一起动手做吧！

拼布放大镜

★★★★★ 为做法难易度指数参考

- 除了特别指定之外，做法解说内的尺寸皆不含缝份。
- 本单元做法标示的数字单位为厘米（cm）。
- 为避免争议，刊登做法内容皆为设计者提供及示范，部分拼布用语略有不同，敬请见谅。

HOW TO MAKE
★★★

P.11 室内拖鞋

作品设计、教学示范 / 洪凤珠老师
教学摄影 / 陈羿帆　文字 / Magi　美术设计 / Chaco

材料准备

- 格子布15cm
- 素布30cm
- 素麻布15cm×40cm
- 蕾丝33cm

How to make

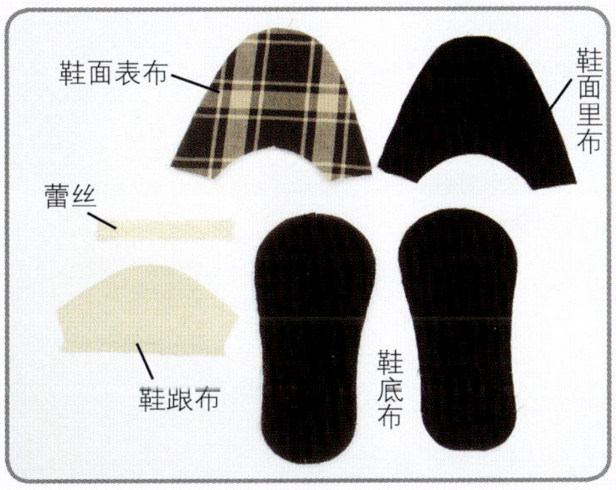

1 依原尺寸图裁布。

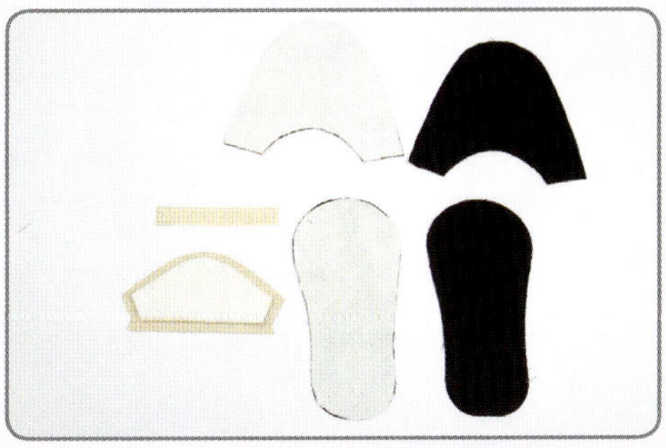

2 鞋面表、里布与鞋底布2片各反面烫上单胶棉，鞋跟布的反面烫上铺棉。
※单胶棉与铺棉不含缝份1cm。

3 鞋面表布如图缝上蕾丝。

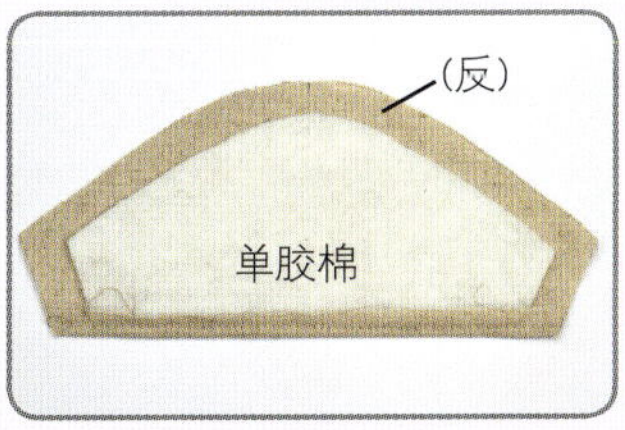

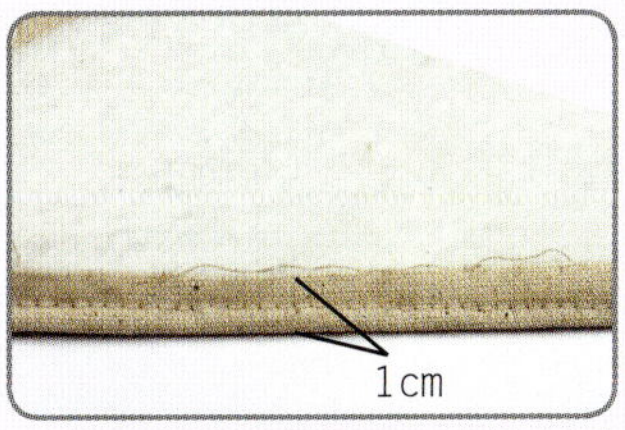

4 鞋跟布的反面如图下方往上折1cm，再车缝固定。

5 鞋面表、里布的正面相对，车缝下方弧度处。

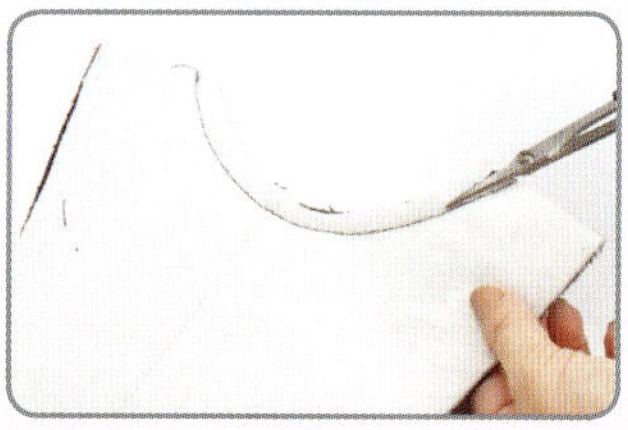

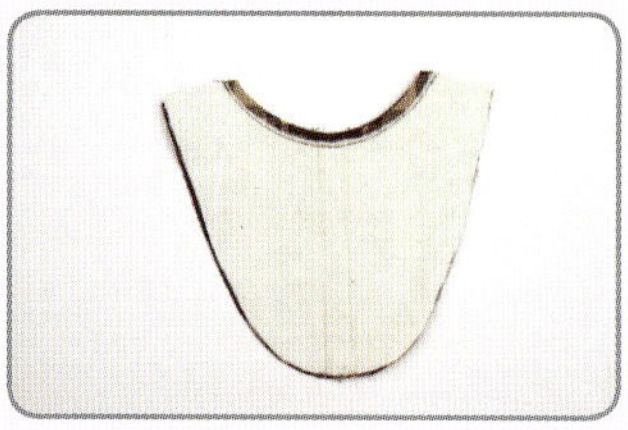

6 将多余的棉修剪。

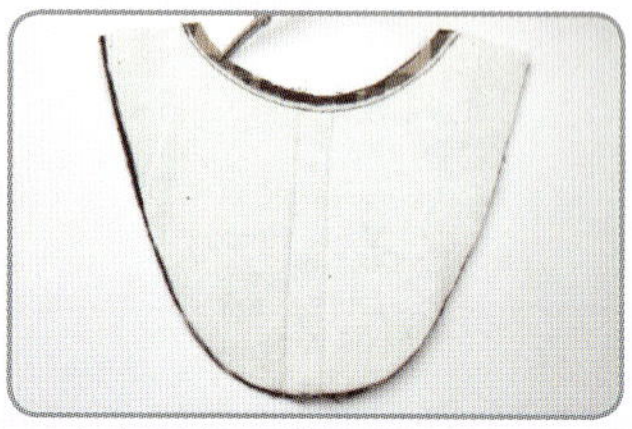

7 上方弧度处剪牙口。

8 如图将鞋面表、里布的正面相对，中间夹入步骤4的鞋跟布。

9 两侧车缝完成。

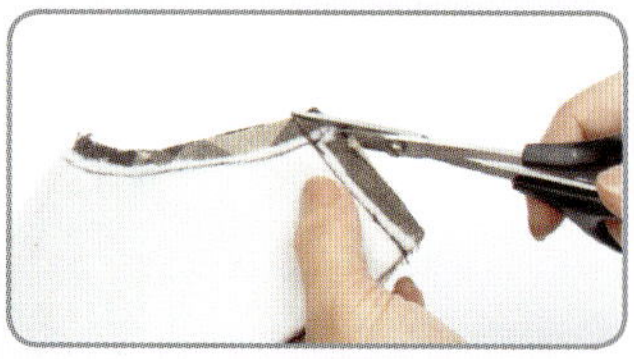

10 将多余的铺棉剪掉，两侧边剪斜角。

11 翻回正面，下方弧度处车缝固定。

12 鞋面表布的上方压缝一道固定线，鞋底布画上对齐线。

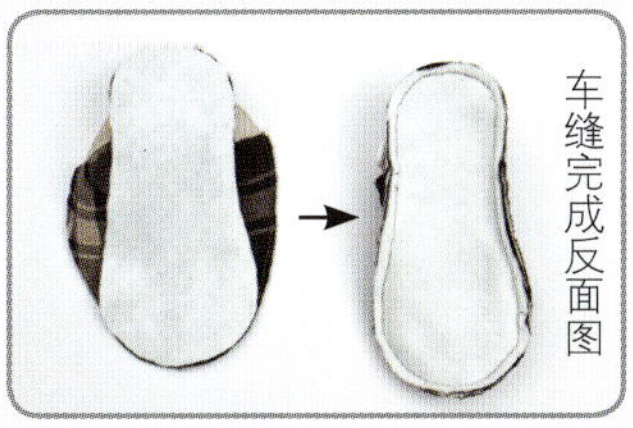

13 步骤12的2片布的正面相对，车缝一圈。

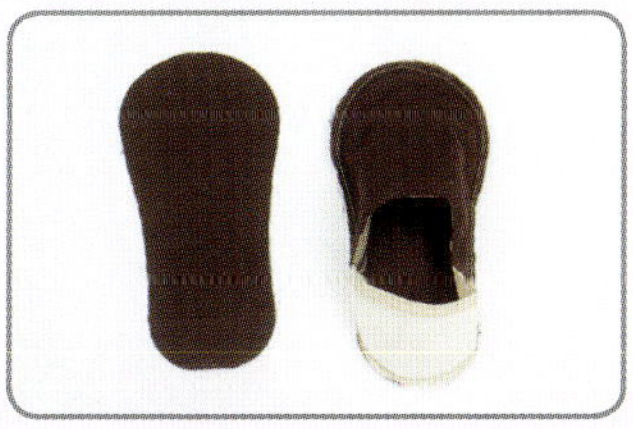

14 翻至正面，再拿一片鞋底布。

15 2片布的正面相对，请对好对齐线。

16 下方留返口不缝，其余缝合一圈。

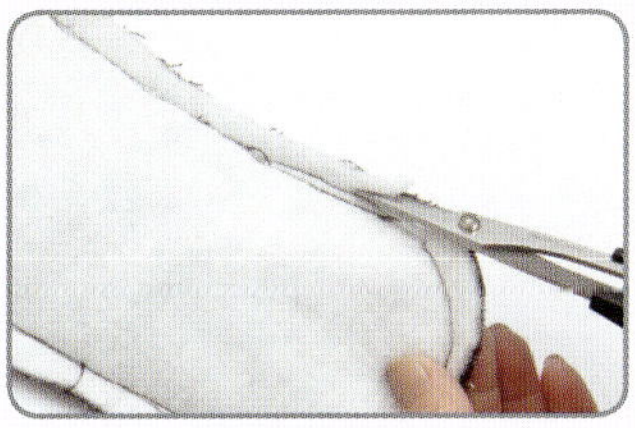

17 修剪多余的铺棉。

18 翻至正面。

19 可购买市面上出售或自己裁剪橡胶板的鞋垫，如图放入。

20 将下方的鞋底布缝份往反面折好，如图用珠针固定，用藏针缝缝合。

21 将鞋跟布翻回正面，用珠针固定。

22 藏针缝缝合固定。

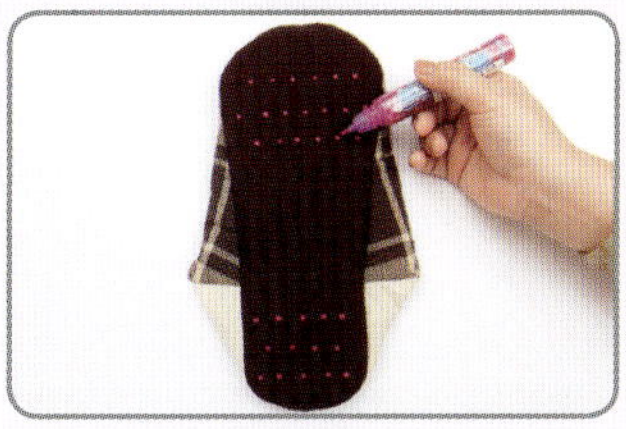

23 鞋底用发泡笔点上防滑，即完成。

HOW TO MAKE ★★★

P.6 双龙吉祥吊饰

作品设计、教学示范 / 林诗龄老师
教学摄影 / 陈羿帆　文字 / Magi　美术设计 / Chaco

材料准备

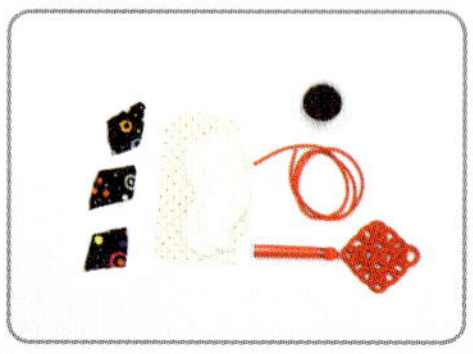

A:
- 表布13cm×8cm2片
- 配色布15cm×4cm
- 眼睛用小珠2颗
- 黑色压线少许
- 红色不织布
- 铺棉(A&B共用)
- 中国结吊饰(A&B共用)

B:
- 表布4cm×5cm配色布9片
- 头7cm×6cm2片
- 眼睛用小珠2颗
- 咖啡色压线少许
- 不织布（白色、黑色、红色）

How to make

A. 蛇(小龙)

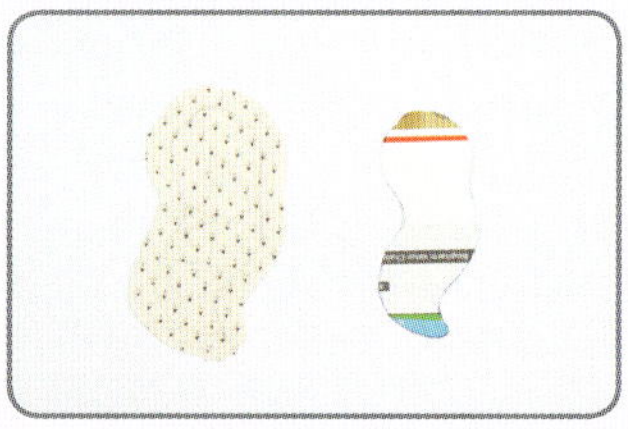

1 依原尺寸图裁纸板，再画于布的反面上，裁剪布时需多留1cm缝份(另裁一片左右对称的纸板)。

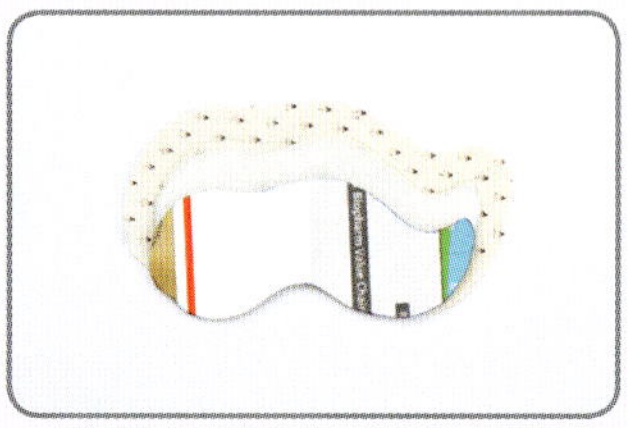

2 布的反面朝上加铺棉、纸板，对齐放好。

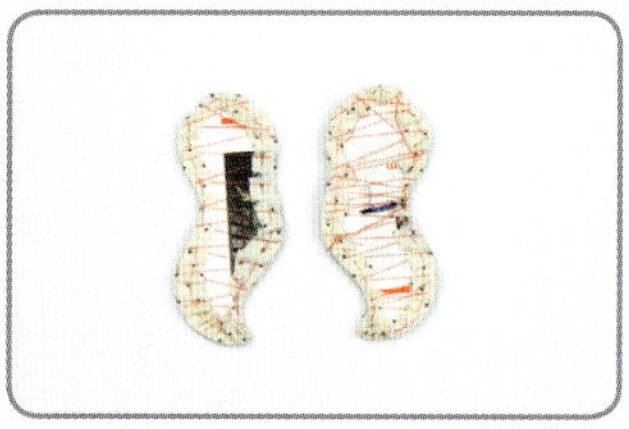

3 如图将步骤2四周的缝份用线缝合，再拉紧线，使其形状同纸板（另一个相同做法完成)。

4 将中间的配色布贴布缝固定。

5 步骤3的其中一片刺绣上眼睛轮廓与嘴巴，并将小珠缝上当眼睛。

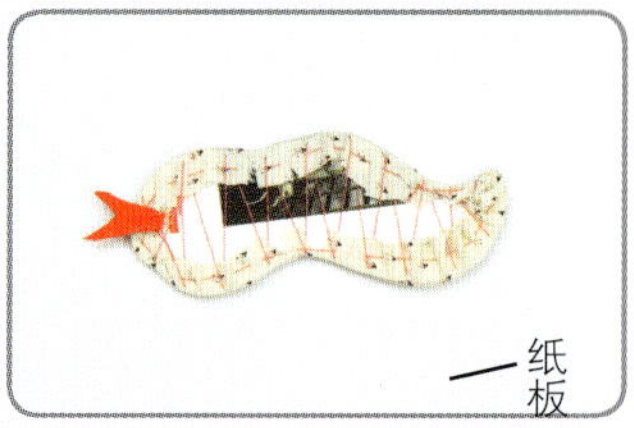

6 将红色不织布剪成舌头形状，放在步骤5的反面，用线疏缝固定。

7 将两片布的反面相对，中间夹入中国结的线，再藏针缝缝合固定。

8 完成。

How to make

B. 龙

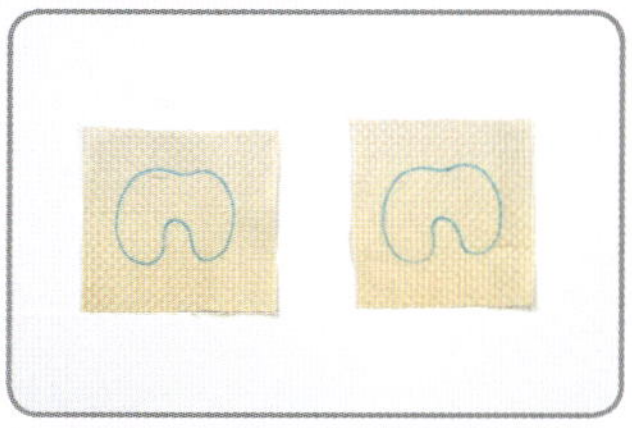

1 裁龙头用布2片，反面画上实际的尺寸图。

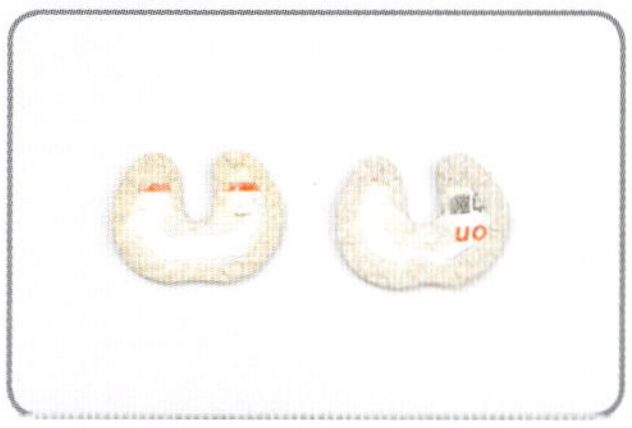

2 布的反面朝上加铺棉、纸板，对齐放好，再如图将四周的缝份用线缝合，再拉紧线，使其形状同纸板（另一个相同方法完成）。

3 步骤2的头反面放上已裁剪好的不织布(角、牙齿、舌头)，疏缝固定。

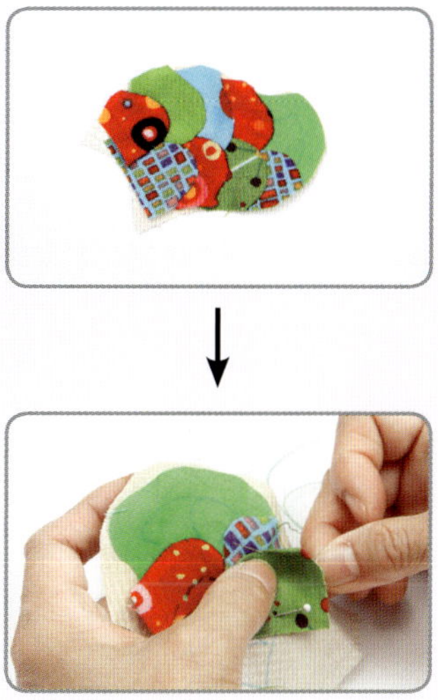

4 坯布用水消笔画出身体的轮廓，再将身体的配色布各依原尺寸图再外加1cm缝份裁剪，如图将缝份往反面折，再贴布缝合于坯布上。

5 完成。

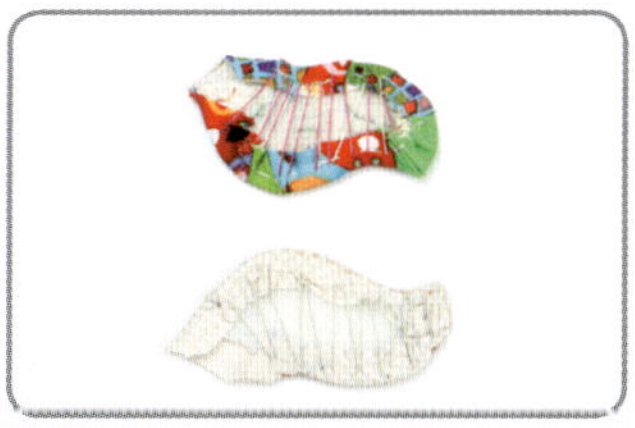

6 布的反面朝上加铺棉、纸板，对齐放好再将四周的缝份用线缝合，拉紧线使其形状同纸板（另一片对称的身体相同方法完成）。

7 如图剪黑色不织布，身体的前片的正面放上欲缝合的角，另一片身体的反面则放另一片。

8 步骤7的身体对齐(布的反面相对)，身体等一下要放在头的中间。
※龙角如果不放在身体上，也可放在头上再缝合。

9 将中国结线夹于身体中间，用藏针缝缝合固定。

10 身体再夹于头内，藏针缝缝合固定。

11 缝上眼睛及刺绣，完成。

HOW TO MAKE
★★★

P.29 苏格兰风斗篷披肩

作品设计、教学示范 / 简雪丽老师
教学摄影 / 陈启予　文字 / Magi　美术设计 / Chaco

材料准备

・刷毛布180cm(幅宽150cm)

・皮片磁扣1组

How to make

裁布

1 依纸型裁好衣身1片。

2 帽子各1片。

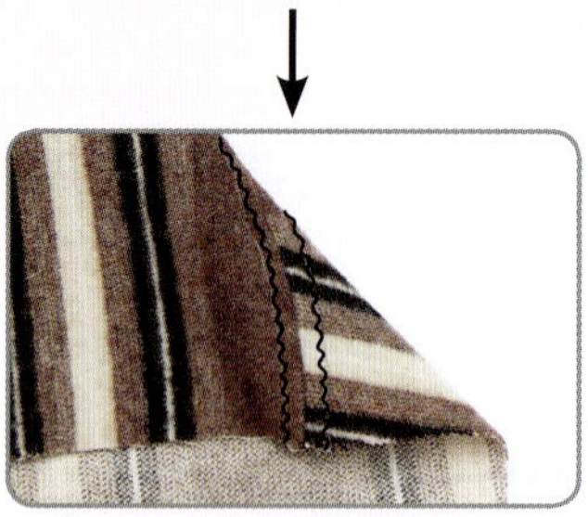

3 帽子2片的正面相对(A记号处相对)，车缝帽顶部分，再将缝份烫开，压缝2道锯齿绣花线迹。

4 除下方之外，布边折1cm再折2cm收边缝合。

5 如图将帽子放于步骤1衣身的★处，用珠针固定。

6 车缝固定（缝份倒向一侧），如图布的正面朝上，再将下方布片往后面折将缝份包在中间。

7 再将步骤6折至后面的布片，再如图往下面折包好毛边。

8 帽子与衣身接合处正面压缝一道固定线。

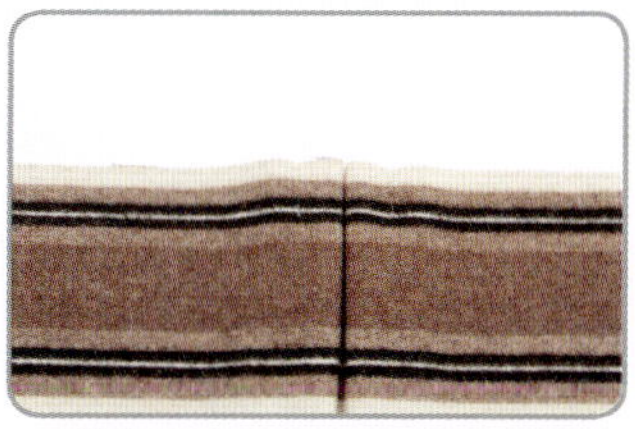

9 裁刷毛布46cm×153cm，中心点处左、右各5.5cm处如图抓褶。

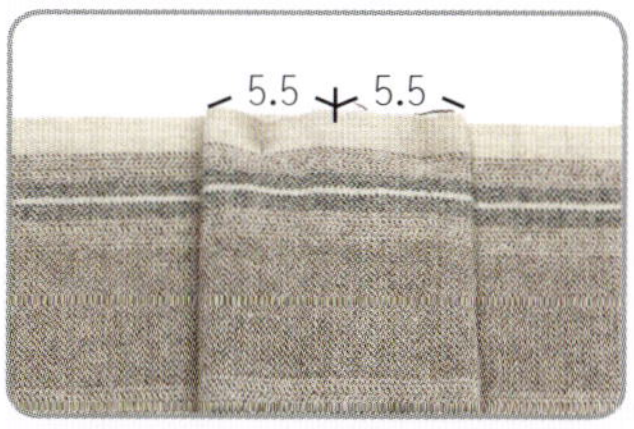

反面图。

10 再与衣身下方缝合。

11 翻至反面，缝份倒向两侧，毛毯边绣花线迹固定。

12 步骤10的左、右侧将缝份往反面各折入1cm，用毛毯边绣花线迹固定。

13 未与帽子接合的左、右边，往反面各折入1cm，用毛毯边绣线迹固定。

14 缝上皮片磁扣。

15 斗篷披肩完成。

HOW TO MAKE
★★★★

P.23 玫瑰抱枕

作品设计、教学示范 / 林妙贞老师
教学摄影 / 陈羿帆　文字 / Magi　美术设计 / Chaco

材料准备

- 黄色布30cm
- 拼接用布15cm
- 荷叶边用布9cm×330cm
- 配色布9～10色
- 水溶性胶带
- 40cm拉链
- 进口纸衬(若山雅子专用)60cm
- (奇异衬、冷冻纸)各15cm

How to make

1 裁中间贴布缝用布21cm×22cm(已含缝份1cm)，用水消笔将轮廓描在布的正面上。

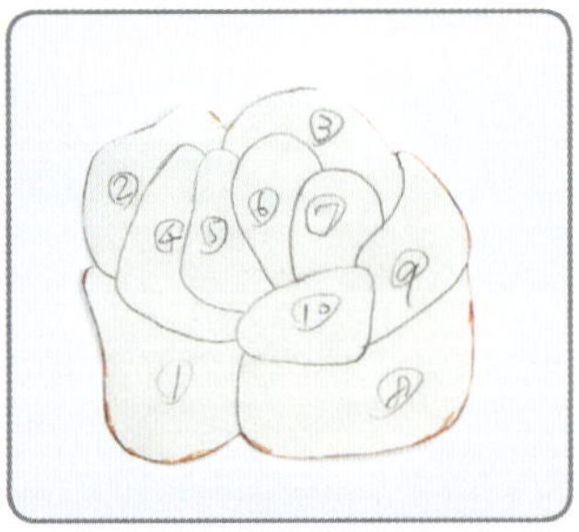

2 将玫瑰花的图案转写在冷冻纸上，标上贴布缝顺序号码，再分别剪下。

3 将冷冻纸贴在配色布的正面上，再留0.3cm缝份剪下。叶子与叶梗则用奇异衬烫在布的反面，并按实际的尺寸剪裁。

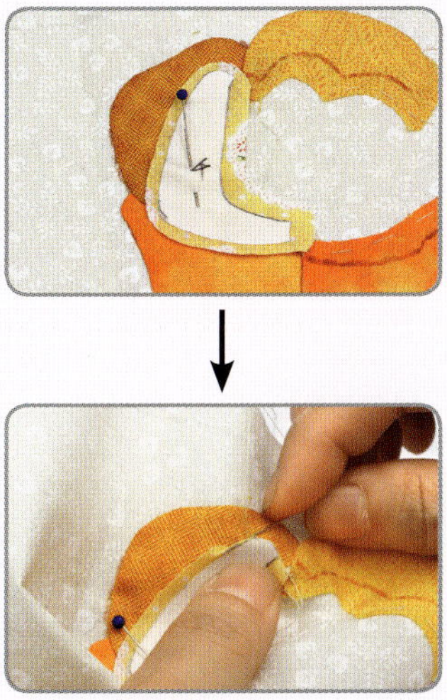

4 依贴布缝顺序手缝，一边将缝份往反面折，一边藏针缝缝合固定。

5 玫瑰花缝合完成，叶子与叶梗则将奇异衬反面的保护贴撕下再烫贴于布上，再车缝线迹固定，最后同玫瑰花贴布缝方法完成花苞的贴布缝。

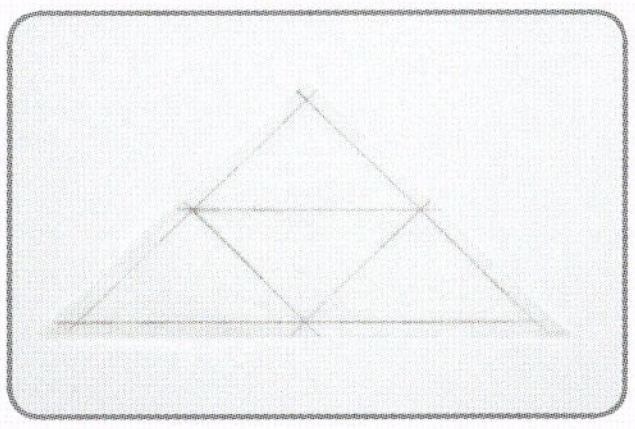

6 进口纸衬画上如图拼接的三角图形。

7 裁剪4片配色布(缝份外加1cm)。

8 将第1片布如图放在纸衬上方。

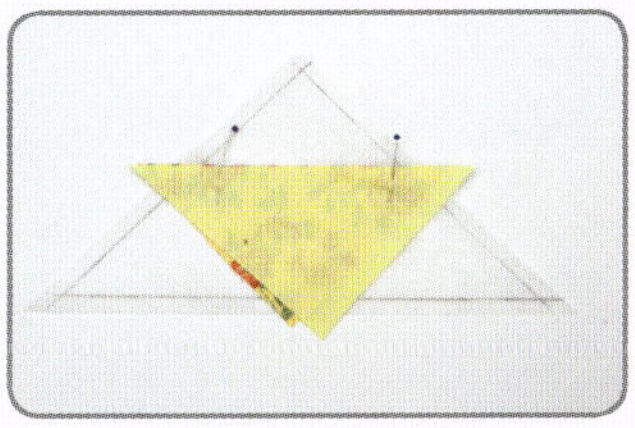

9 第2片布放在步骤8的上方，布的正面相对，用珠针固定。

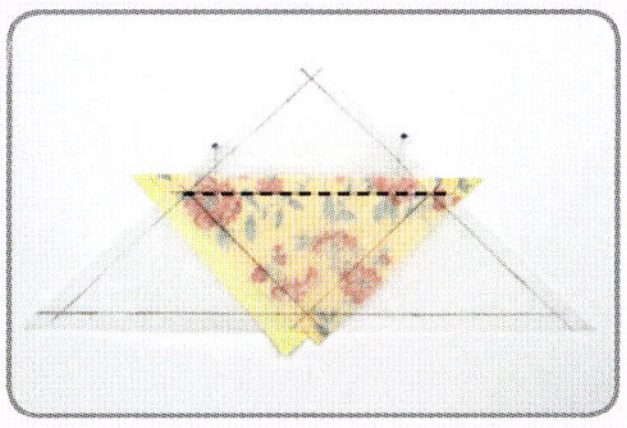

10 翻至纸衬的反面，车缝一道固定线。

11 翻回纸衬的正面，打开第2片。

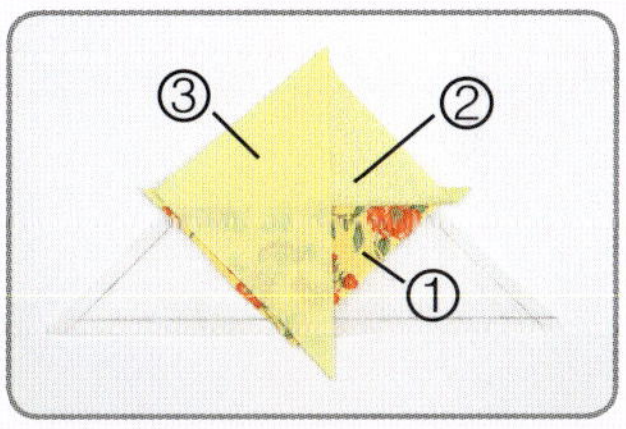

12 如图放上第3片，再翻至纸衬的反面车缝固定。

13 完成第3片。

14 相同方法车上第4片，即完成一组拼接(共需完成4组)。

15 将步骤14的一组与步骤5的正面相对，车缝固定。

16 再缝合第2组。其他组相同方法完成。

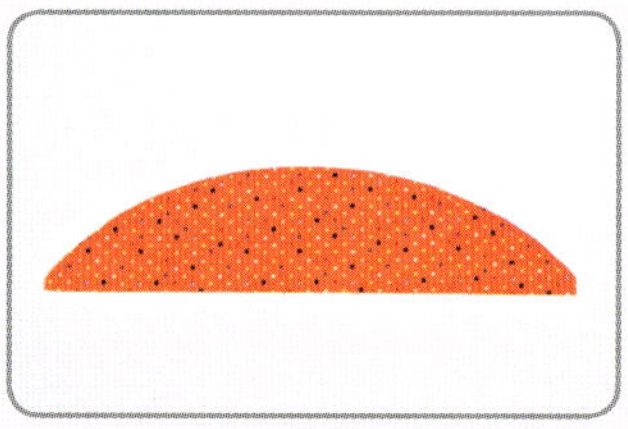

17 依原尺寸图裁剪4片(缝份外加0.7cm)。

18 将弧度片与步骤16的正面相对，车缝固定。

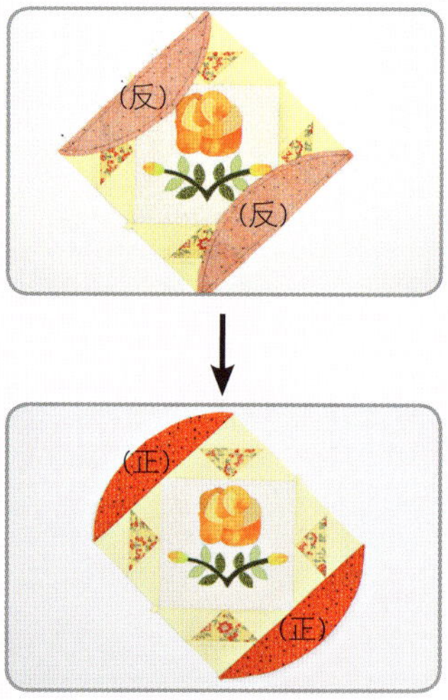

19 缝上第2片弧度片。

20 完成表布。

21 表布、铺棉、衬，三层疏缝再压线。

22 裁荷叶边布。

23 接成圈状，并对折烫好(布的反面相对)。

24 对折处的另一侧大针脚缝合并抽皱完成。

25 将荷叶边布找出4个中心点与表布对齐，先用珠针固定，多余的荷叶边布请平均分布后再用珠针固定。

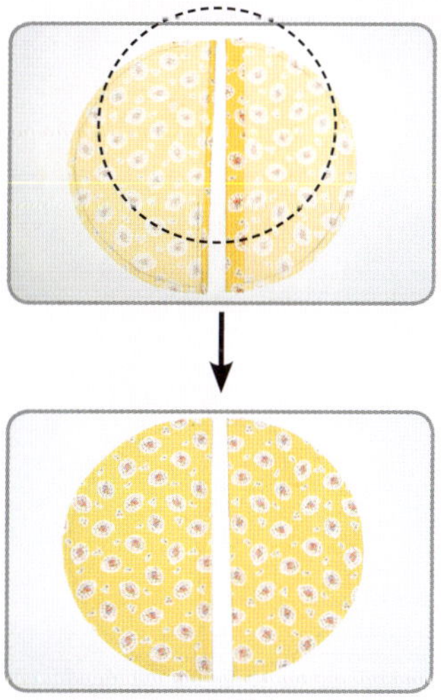

26 裁剪2片后背布，一片留2cm缝份，另一片留1cm缝份(反面各烫上衬，并将缝份烫好)。

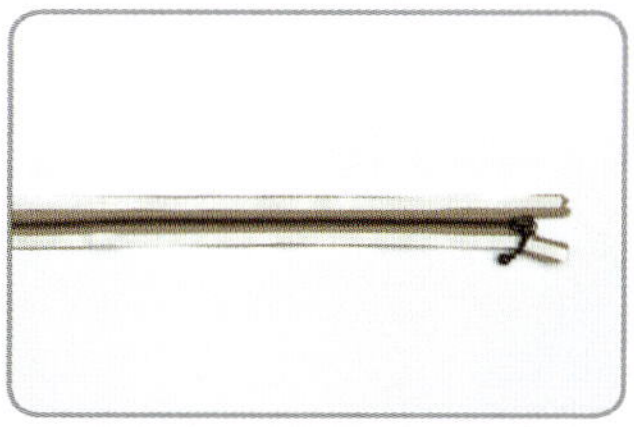

27 拉链的正面两侧贴上水溶性胶带。

28 撕开保护贴，将后背布贴于拉链上，再车缝固定。

29 另一片后背布则如图贴在拉链的另一侧，再车缝固定。

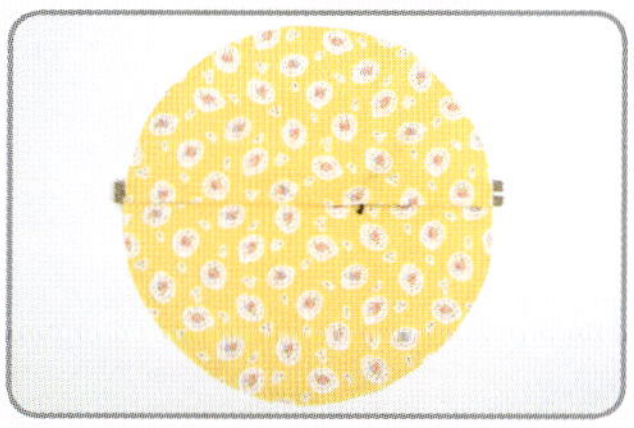

30 后背布完成。

31 将步骤30的后背布与步骤25的正面相对再车缝(中间夹着荷叶边布)。

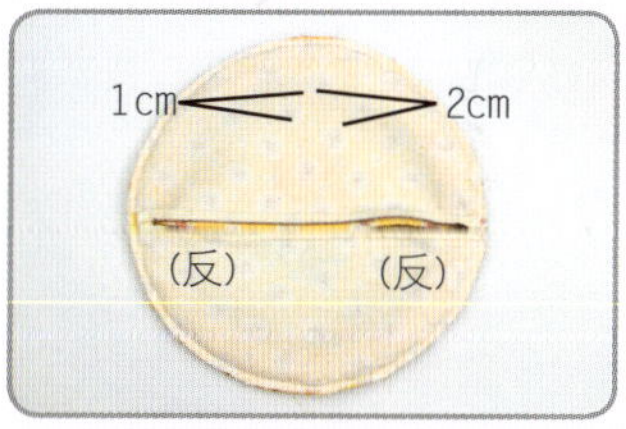

32 打开拉链，车缝一圈。

33 翻至正面即完成。

巧手易 第49期
定价：38.00元

巧手易 第50期
定价：38.00元

巧手易7年精选拼布作品集
定价：45.00元

巧手易 第46期
定价：38.00元

巧手易 第47期
定价：38.00元

巧手易 第48期
定价：38.00元

巧手易
系列手工书

巧手易 第42期
定价：38.00元

巧手易 第43期
定价：38.00元

巧手易 第44期
定价：38.00元

巧手易 第45期
定价：38.00元

巧手易 第38期
定价：38.00元

巧手易 第39期
定价：38.00元

巧手易 第40期
定价：38.00元

巧手易 第41期
定价：38.00元

精品手工书

一缝就成的拼布小物
定价：25.00

一缝就成的拼布小物 2
定价：25.00

Shinnie 的布童话
定价：30.00 元

布只是时尚
定价：33.00 元

基础拼布小字典
定价：10.00 元

Shinnie 的手作兔乐园
定价：33.00 元

好可爱拼布
定价：33.00 元

拼布 创意My布玩
定价：33.00元

超可爱贴布缝的童话王国
定价：30.00 元

风华绝袋 悠游机缝拼布
定价：33.00 元

我的机缝拼布旅行簿
定价：33.00 元

暖烘烘隔热套

冷飕飕的季节，
冲杯令人心暖暖的热可可，
套上你送我的隔热套，
今年的冬天好温暖……

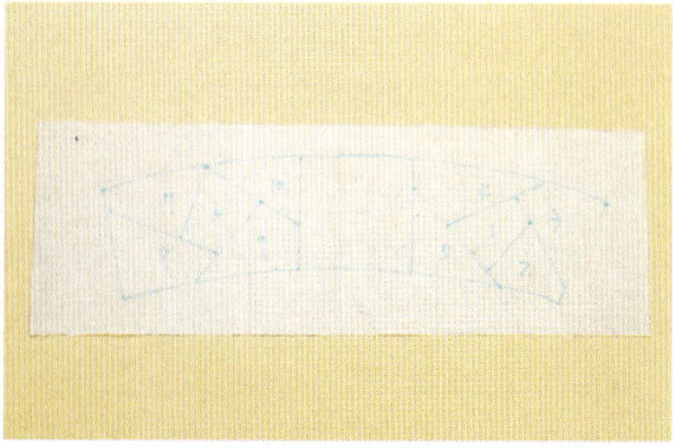

1. 坯布上用水消笔描好图案，后面加上机缝用铺棉。

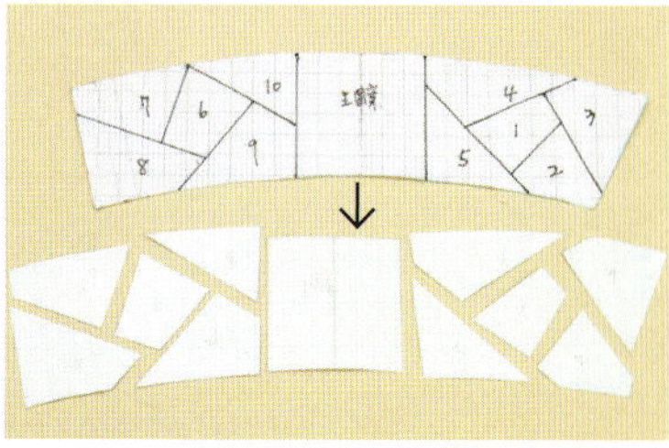

2. 纸型标上号码，如图剪下。

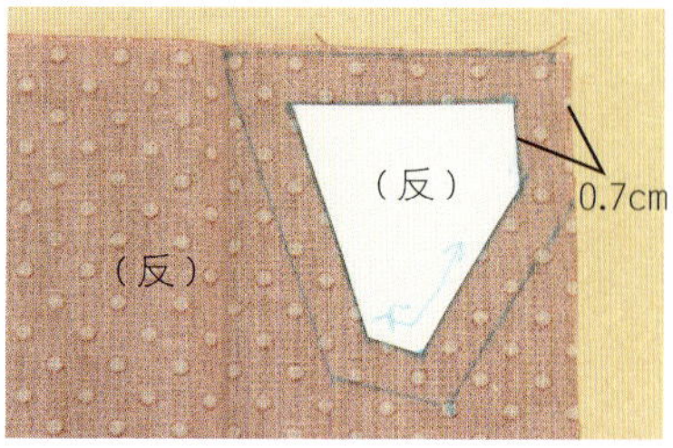

3. 依编号顺序将纸型反面朝上画在布的反面，如图画下记号并外加缝份0.7cm 剪下。

4. 纸型中的主图案与纸型 1、6，如图取图案布（外加缝份 0.7cm 剪下）。

5. 将剪好的布片依号码排列好。

● 材 料 ●

- 配色布 20cm×20cm
- 主图案布 30cm(取图)
- 机缝用铺棉 30cm×10cm

示范教学／陈莉雯老师
情境摄影／C.CH
教学摄影／陈奕帆
文字整理／Magi
美术设计／韩欣恬
完成尺寸：26cm×6cm
内附原尺寸图

6. 将布片 1 放在坯布上。

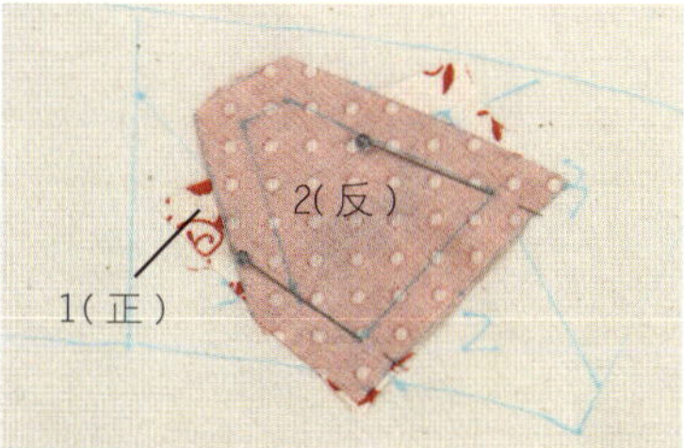

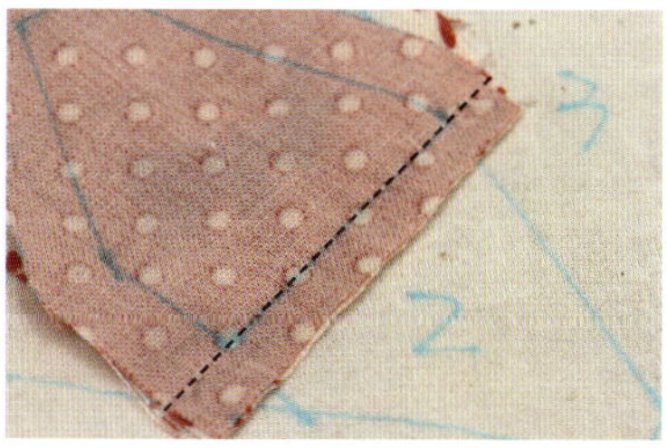

7. 第 2 片布与第 1 片布的正面相对，如图用珠针固定，平针缝边到边缝合。

8. 布片打开图。

9. 第 3 片布与步骤 8 布的正面相对，缝合。

10. 布片打开图。

11. 另一侧依步骤 7~10 完成。

12. 与中心布片缝合完成，左侧也拼接完成。

13. 中间的图案布与左侧拼接时，需将缝份往里折，再用珠针固定。

14. 藏针缝缝合，将多余的布与铺棉修掉完成前片。

15. 裁一片相同尺寸的后背布，后背布与前片布的正面相对(松紧带对折夹于一侧的中间)，车缝一圈并留返口，将缝份处的铺棉修掉。

16. 从返口处翻至正面，缝上扣子即完成。

For 初级生
1小时完成的拼布小物
Simple 6

熊好运口金包

跟着熊好运跳阿哥哥舞，
童趣的图案，Fun的玩心，
带着它令你心情愉悦。

- ●作品设计、示范教学、做法文字提供／陈玉金老师
- ●情境摄影／萧维刚　●教学摄影／陈启予
- ●文形／Magi　●美术设计／韩欣恬
- ●完成尺寸：约11cm × 17cm
- ●内附原尺寸图

材料

- ⊙ 图案布30cm
- ⊙ 里布19cm × 28cm
- ⊙ 8cm弹簧口金
- ⊙ 单胶棉
- ⊙ 皮革针
- ⊙ 皮革线

表袋身

1. 取图案布依纸型(未含缝份)画下记号线，裁下表前片(缝份外加0.7cm)。

2. 表后片可依纸型裁切配色布，拼接或使用整个图案布，同表前片裁下。

3. 依纸型裁2片单胶棉(不含缝份)，烫于表前片、表后片的反面。

4. 2片布的正面相对，车缝U形。

里袋身

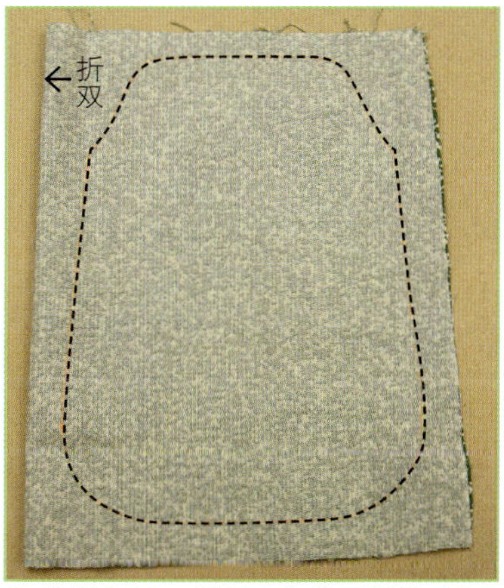

5. 将里布28cm折双（布的正面相对），纸型摆在中间用珠针固定，画实际的版型。

6. 建议使用大开口压布脚沿线车缝U形，一侧留返口，多余布剪掉，弧度处剪牙口。

组合

7. 里袋套表袋(布的正面相对)，车缝袋口一圈，弧度处剪牙口。

8. 由返口翻至正面，整烫再缝返口。

9. 袋口可疏缝固定。

10. 将口金疏缝固定。

11. 用皮革针、皮革线跳针缝固定口金，即完成（因口金的洞间隔很小，可以不必缝满）。

桃乐比花园提袋

点点森林、星星城堡、红色直条栅栏，
桃乐比花园是座爱幻想的乐园，
背着它寻找希望的种子吧！

完成尺寸：约36cm×28cm×7cm
内附原尺寸图

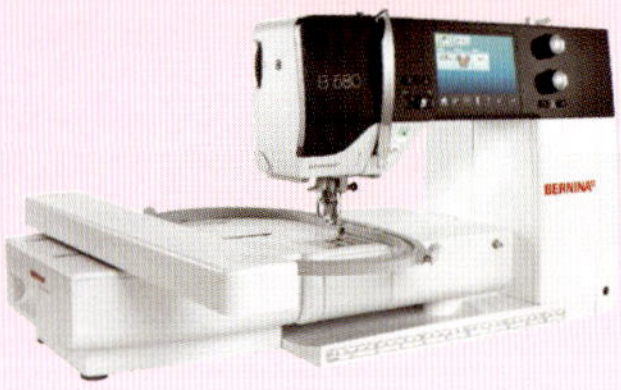

文字做法示范教学／
隆德贸易有限公司 苏怡绫老师
情境摄影／C.CH 教学摄影／陈启予
文字整理／Magi 美术设计／林巧佳

使用机型：BERNINA B580

材料

- 5种配色布各30cm
- 缎带
- 扣子
- 薄布衬
- 铺棉
- 提手1组

How to make

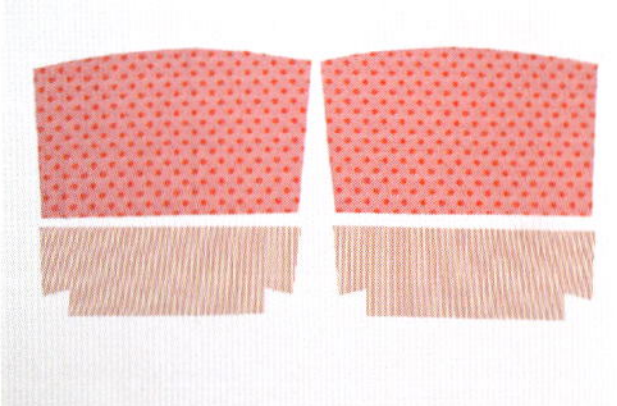

1 表布前、后片依纸型各画2片。

2 后片上、下接合完成1片。

3 前片口袋依纸型画好3片，依序接合。

4 完成图。

5 再画1片与口袋尺寸相同的里布，正面相对车缝一圈∩形，从下方翻至正面烫好，距离上方0.2cm处再车缝一道压线。

6 将口袋放至另一片尚未接合的表布前片上，两侧车缝固定。

7 前片上、下片接合完成。

8 表布前、后片的上、下接合处下方2cm车上缎带。

9 完成图。

10 表布前、后片各加上铺棉(不含缝份)，两侧及下方车缝固定。

11 如图车缝两侧截角。

12 依纸型画好里布上、下片各2片。

13 上、下接合完成2片，左、右接合两侧(其中一侧留返口)，下方车缝固定，再车缝截角。

14 表布、里布正面对正面车缝一圈从返口翻出，在距离上方0.2cm处车缝一道压线。

15 完成图。

16 在口袋上欲钉扣子的位置做记号。

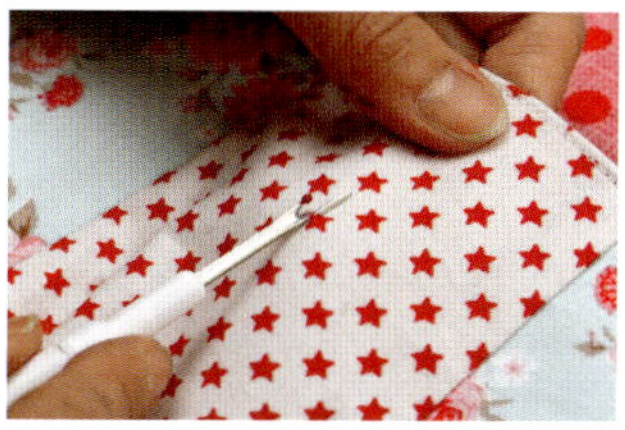

17 用拆线器将布割开。

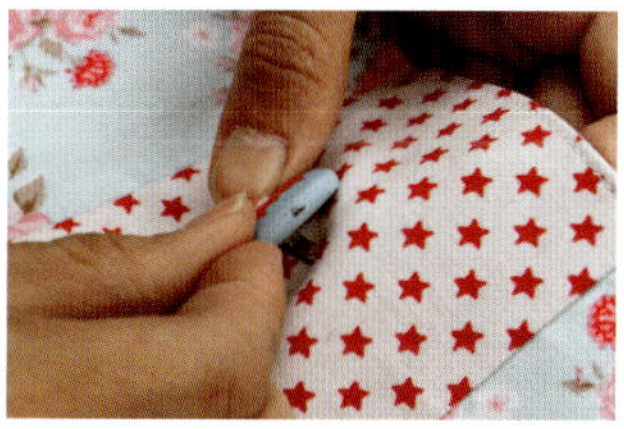

18 钉上扣子。

19 背面图(为能让读者看得清楚，扣子留在最后一个步骤，实际可在制作口袋时先将扣子钉在口袋表布上，再与口袋里布车缝)。

20 缝上提手即完成。

完成图

北欧枞木

圣诞茶杯垫

■文字做法示范教学／林欣汝老师
■情境摄影／C.CH ■教学摄影／陈羿帆
■文字整理／Magi ■美术设计／林巧佳

简洁清新是北欧的特色，
在寒冷的雪白世界，
来杯热葡萄酒贺新年。

完成尺寸：直径约10cm
内附原尺寸图

材料准备

- 表布(小碎布数片)
- 斜纹滚边条4cm×33cm
- 双胶铺棉与后背布各裁11cm×11cm

HOW TO MAKE

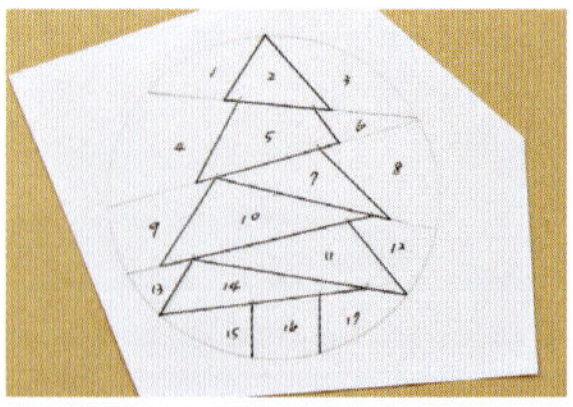

1 将图案描在厚纸上。
※请标上号码。

2 步骤1纸型分别剪下，纸型的反面画在布片的反面上裁布(缝份留0.7cm，原尺寸图红色线部分缝份先留1.5cm)。
※请注意纸型的合印记号。

3 拼接纸型1、2、3。

4 缝份倒向图。

5 布片4、5、6， 7、8，9、10，11、12，13、14，15、16、17，每组先各自拼接。

6 1、2、3与4、5、6组合。

7 纸型7、8再与9、10拼接，13、14再与11、12拼接。最后将每组拼接成一片。

8 缝份反面图。
※拼接完后缝份需整烫。

9 最外圈用疏缝线缝一圈(当记号线)。

10 步骤9加铺棉加后背布(反面朝上)。

11 落针压线。

12 滚边条放入滚边器内，如图烫好。

13 步骤12与步骤11的正面相对，缝合一圈(滚边条的起点、终点处需重叠约3cm)。

14 最外圈缝份皆留1cm，多余部分剪掉，并剪牙口。

15 滚边条的起、终点处。

16 翻至反面如图折入缝份，用强力夹固定，藏针缝缝合。

17 滚边即完成。

Nordic 甜蜜围裙

我把冬季的白雪穿在身上，
把小精灵遗忘的红鞋系在腰上，
今晚就要施魔法变佳肴，
午时钟声响时欢聚狂欢吧！

作品设计、制作、文字提供／蔡惠敏老师　情境摄影／萧维刚　做法摄影／陈羿帆
做法文字／Magi　美术设计／韩欣恬
内附原尺寸图　完成尺寸：上 34cm、下 51cm、高 40cm

材料

- 5 种颜色布 5 片（各 20cm×20cm）每片可画 4 小块
- 白色布 90cm
- 绑绳用布 45cm×4.5cm
- 红色绣线

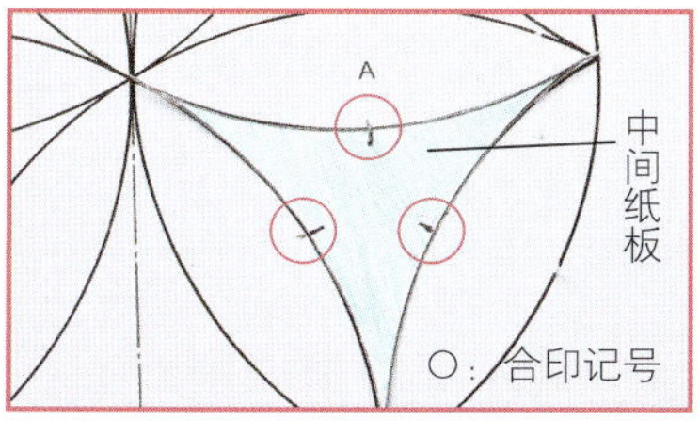

制作前 Point：
（为了让读者看清楚故使用红色线，实际缝合请使用与布相近颜色的线。）
a. 将口袋的尺寸画在厚纸上，并加上合印记号。
※ 中间纸板（如图涂上蓝色颜料的纸），三边比较细长，裁剪时请注意。

b. 依纸型画在布的反面上时，a 的三边细长处需画足长度。

c. 合印记号也需标出位置。

做法

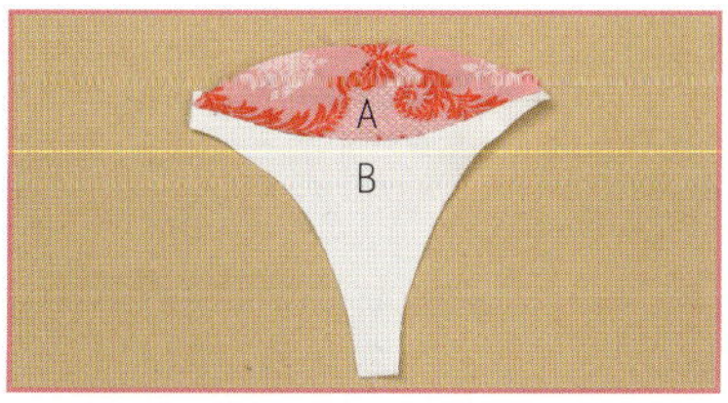

1. 布片依纸型各外加 0.7cm 缝份剪下（A12 片、B6 片），如图先拼接 A 与 B 片 2 片。

2. 拼接 3 片完成。

※ 拼接缝合时，起针处都需回针。

3. 拼接 4 片完成。

4. 完成一半的拼接。

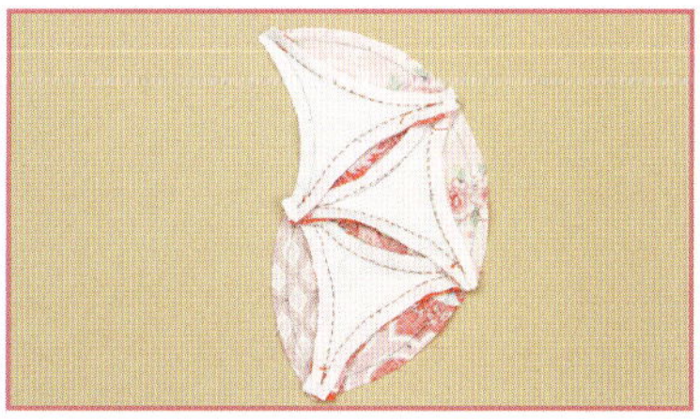

5. 反面缝份倒向图（同步骤 1 ～ 4 完成另一半）。

6. 2 片布的正面相对，如图用珠针固定。珠针需对齐合印记号点。

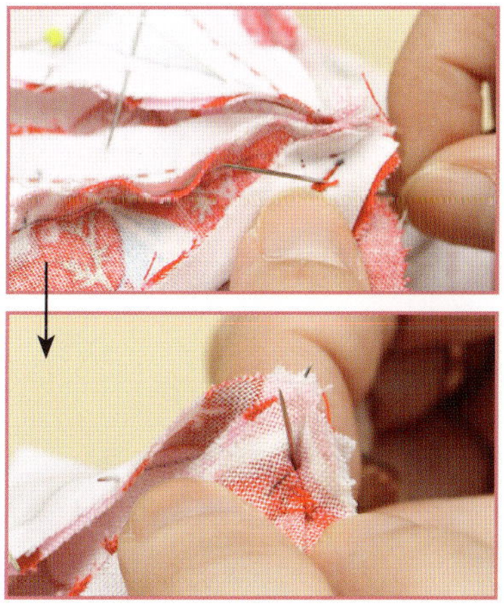

7. 拼接至中心点时，尖点下 0.1cm 处缝下，再从一片尖点缝至另一片尖点。此方法为风车倒向。

8. 完成一个图拼接。

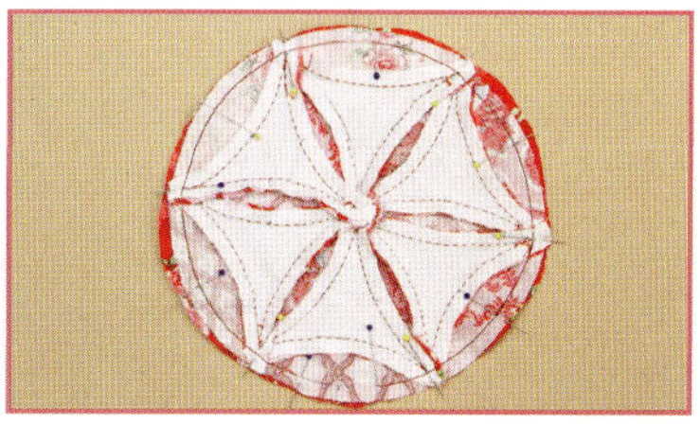

9. 裁剪一片后背布，与步骤 8 的正面相对，缝合一圈并留返口。

10. 周围剪牙口。

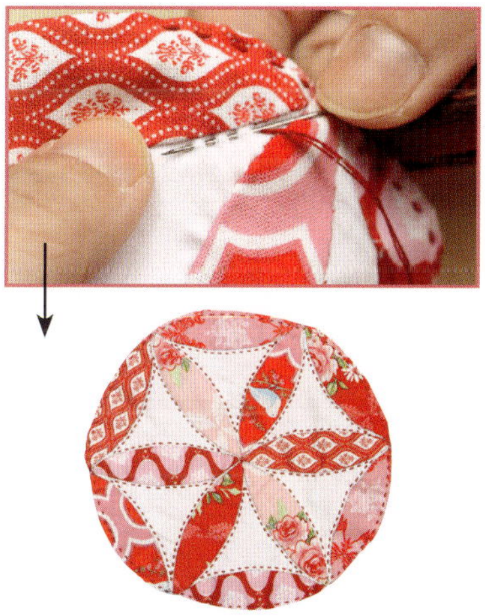

11. 翻至正面藏针缝缝合返口，拼接处请用红色绣线 3 股平针缝装饰。同方法完成另一片。

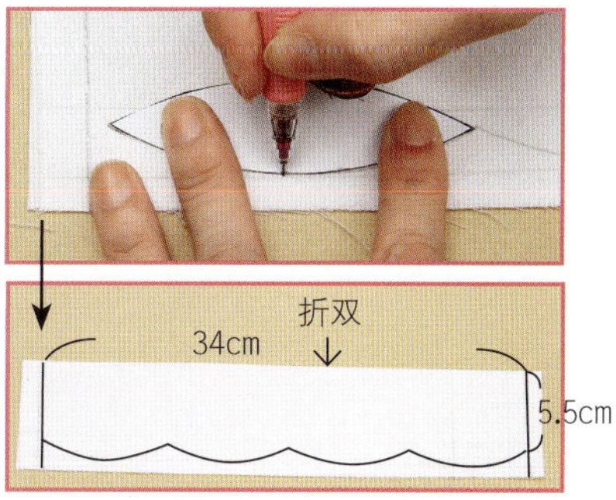

12. 围裙上片：白色布裁 11cm×34cm，11cm 处对折，如图用 A 的纸型画出 4 个弧度（尺寸为实际尺寸，缝份请外加）。

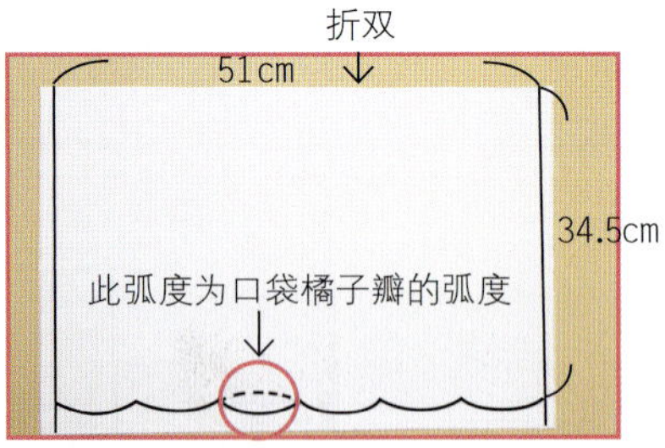

13. 围裙下片：白色布裁 69cm×51cm，69cm 处对折，如图一样用 A 的纸型画出 6 个弧度（尺寸为实际尺寸，缝份请外加）。

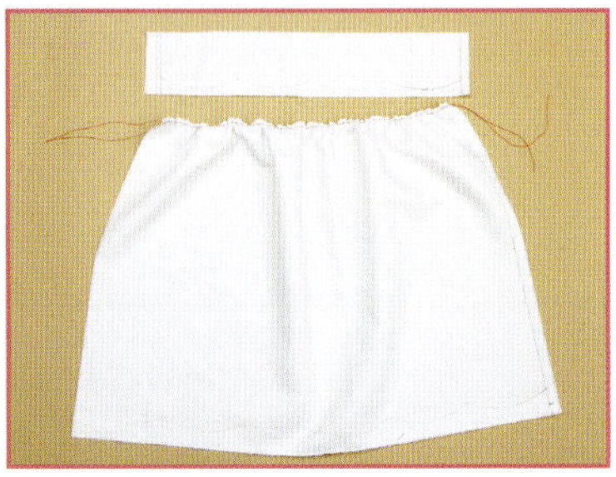

14. 将围裙下片的上方大针脚缝合抽皱，拉至宽度同围裙上片。

15. 围裙上片修剪弧度（只需剪前片）。

16. 裁斜纹滚边布 4cm×72cm2 条，放入滚边器内烫好缝份。

17. 斜纹滚边布与围裙上片的弧度处的正面相对，用珠针固定。缝合固定滚边布。

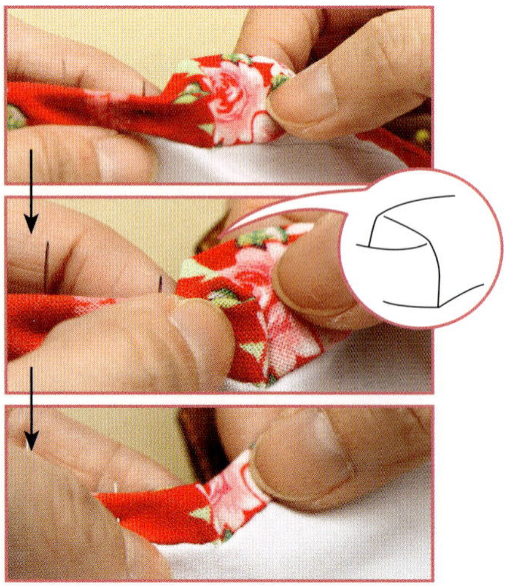

18. 正面弧度的凹处，如图将多的缝份折好。

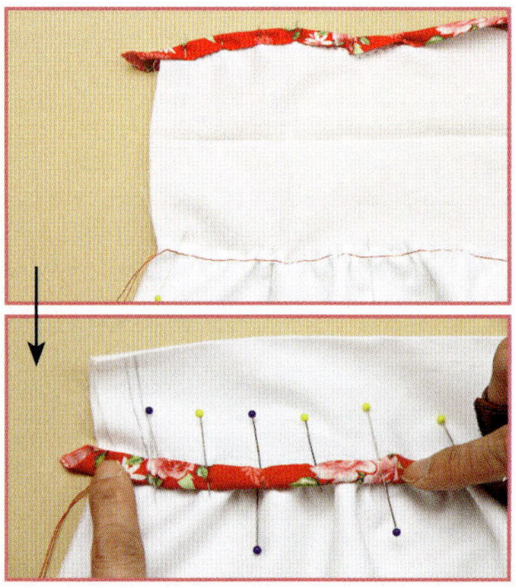

19. 滚边布翻至反面，折 2 次将布边包好，用珠针固定。再如图将围裙上片折双处打开，中间夹入围裙下片用珠针固定。

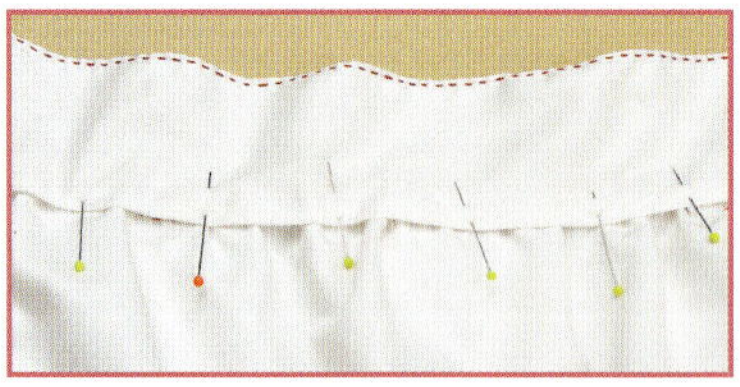

20. 将围裙上片上方用绣线 3 股刺绣装饰，再翻至后面，将左右下方缝份往反面折入，用珠针固定。

20. 藏针缝缝合固定。

22. 步骤 11 的 2 片圆用藏针缝缝合下圆，上方不缝合当口袋。

23. 围裙上片的正面已滚边的弧度处也用藏针缝缝合（围裙上片左、右侧则不缝合）。

24. 围裙下片也滚边完成，同样用绣线 3 股平针绣及缝上小花装饰。

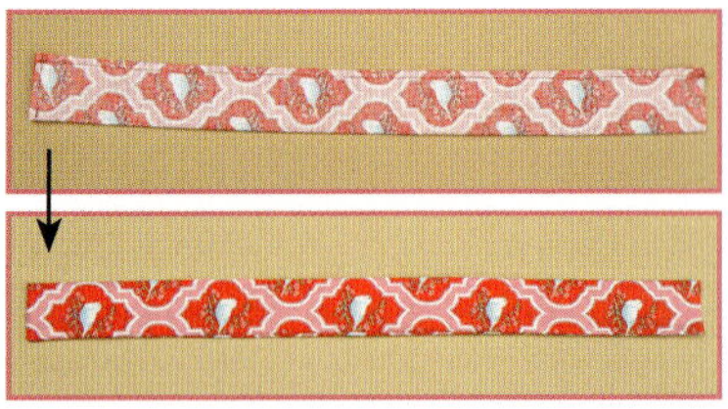

25. 绑绳：裁 45cm×9cm，9cm 处对折（布的正面相对），留一侧不车合，其余车合固定，再翻至正面（共做 2 条）。

26. 将绑绳放入围裙上片的左、右两侧中间，藏针缝固定。

27. 围裙完成。

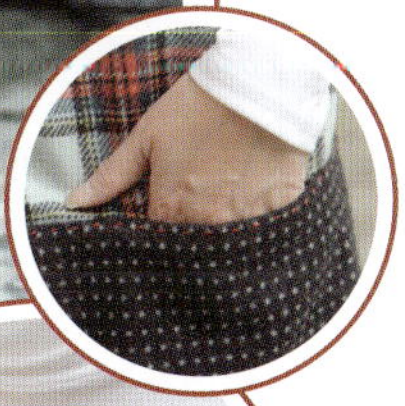

格子连身裙

格子毛料的温暖＋点点毛料的混搭＝无价流行新款

材料

- 毛料布:上色90cm、下色60cm(格子布要对齐格子才漂亮！)
- 5番绣线
- 透明接着衬

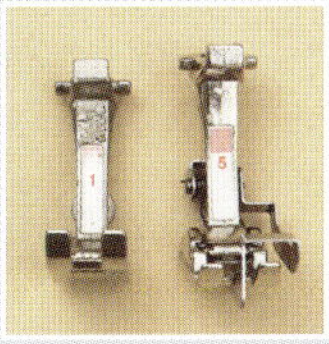

使用压布脚

- #1、#5

使用机型

- BERNINA B530

文、示范教学做法提供 / 隆德贸易有限公司 李青绮老师
情境摄影 / 詹建华　教学摄影 / 钰婷　文字整理 / Magi　美术设计 / 韩欣恬　尺寸 / Free Size　内附原尺寸图

How to make

★记号处先拷克

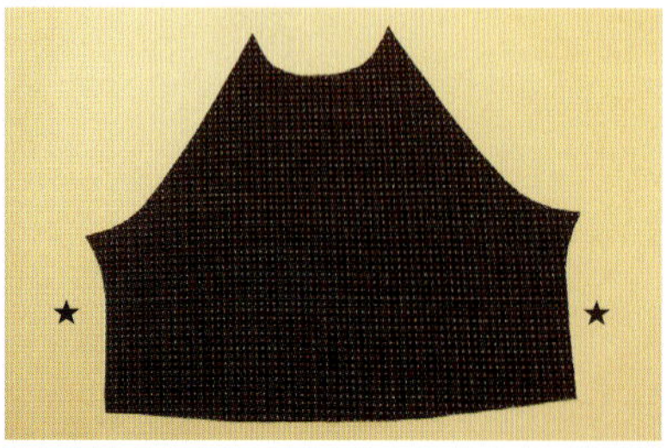

1 前身片1片。

2 后身片1片。

3 前裙片1片、后裙片1片。

4 领窝贴边(贴透明接着衬）1片。袖窿贴边(贴透明接着衬）2片。口袋2片。

5 将后身片2个褶子车缝，于尖褶尾端留一段线打结，线头剪剩1cm即可。

6 于缝份处拷克，并将缝份倒向后身片。

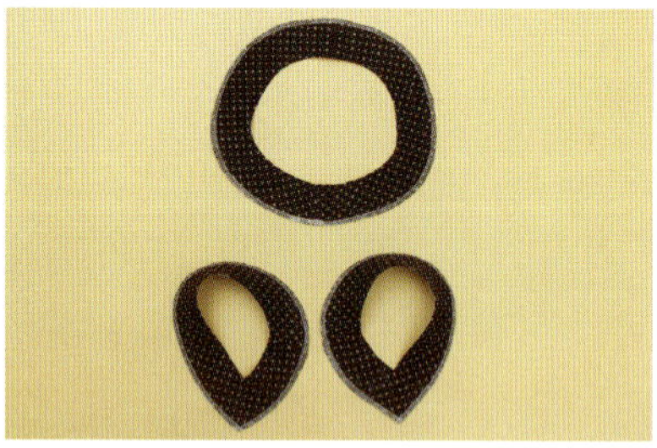

7 将领窝贴边中心、袖窿贴边中心接合，缝份烫开，并于外围处拷克。

8 将前、后身片袖子接合处车缝，并将缝份一起拷克，缝份倒向后身片。

9 将前、后身片肋边处接合，并将缝份烫开。

10 将领窝贴边与上身片接合(接合时注意前后中心对合)。

11 于缝份弧度处剪牙口。

12 将领窝贴边翻烫至上身片的反面。

13 将袖窿贴边与上身片接合(接合时注意肋边对合)。

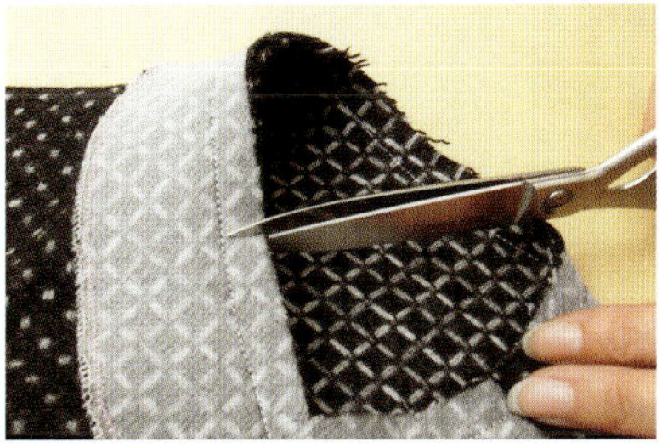

14 于缝份弧度处剪牙口。

15 如图位置一定要剪牙口。 将袖窿贴边翻烫至上身片反面。

16 将领窝贴边与袖窿贴边处缝上千鸟缝整圈固定。

17 千鸟缝固定完成。

18 将口袋片与前身片与前裙片(正面与正面)接合(特别注意口袋缝份不车)。

19 将前、后裙片肋边接合。并将上身片与裙身片之腰围处正面相对接合。特别注意口袋位置不车。

20 将口袋两边拷克。

21 将腰围缝份处拷克一圈。并将缝份倒向裙身。

22 将裙子下摆缝份烫入，并以千鸟缝缝一圈。

23 如图标示线处使用5番绣线，以平针缝将缝份压缝上装饰线即可。完成!

作品设计、制作、图片、文字提供／布里红共学社
美术设计／韩欣恬

布绘基隆 雨都之美

作品尺寸：100 cm × 125 cm

指导老师／王梅珍　作者／陈敏慧、游春莲、黄月眉、许淑琴、王梅珍、丘春莲、张阿玉、吴美玲、罗樱娇、许陈锦屏、吴思莹

为了营造生活美学，同时配合基隆社区大学推广生活艺能课程公共化的理念，
创作团队将拼布艺术结合公共议题，在作品内导入基隆市的相关景物与愿景，
以布绘方式呈现出家园之美，希望能为你我生活的城市——基隆，增加一些温柔的力量；
更期能展现社会、人文、地理、艺术与家庭生活的完美结合。

基隆海洋博物馆

作品尺寸：130 cm × 130 cm

指导老师／王梅珍　作者／王梅珍、赖鹤娟、王振帼、郭仁爱、王亚维、张丽美、吴丽云、林月英

以生动的海洋生物表达出基隆市民对于基隆海洋博物馆的期待。
希望海洋博物馆能为基隆海洋城市带来不同的样貌与未来的发展，
更加丰富基隆的人文发展，也带动未来观光、休闲的发展契机。

作品设计、制作、图片、文字提供／布里红共学社
美术设计／韩欣恬

天空破了一个洞

作品尺寸：50cm×60cm　作者／赖鹤娟

要让天空破一个洞，拿着蜡烛的手在颤抖，害怕为了视觉效果，把辛苦缝成的作品烧毁了。可为什么，天空真的烧破了一个洞，我却不在意?

想为减缓全球变暖速度尽一点心意，作品完成之后，该好好想一想生活里的细节了。

全球科学家都认为全球变暖主要是人类的责任。工厂和汽车排放废气、人们过度使用冷气机，使天空出现破洞。世界各地极端气候频频出现：暴雪、飓风、洪水，还有冰川融化、海平面上升、粮食减产等，人类的活动对地球造成的伤害现在反扑而来。大家为经济增长努力的时候，也要思考地球持续发展的问题。

珍爱地球

作品尺寸：60cm×60cm　作者 / 王梅珍

在全球变暖日益严重的影响下，极端气候在世界各地造成了种种灾害，如洪水泛滥之水灾、极度缺水之干旱等，都严重影响我们的生活与安全。全球气候受灾人数也屡创新高，因此节能减碳、水土保持以及珍惜水资源早已成为世界各国重要的环保课题。全球气候变化将不分地区，身为地球公民，我们应当珍惜我们的地球，尽力保护好环保、珍惜资源。

※ 作品都曾在 2011 年 4 月基隆市立文化中心展览。

作品设计、制作、提供／中原きよ子老师　美术设计／Chaco

静子的回忆

作品尺寸：180cm×220cm

Remember Shizuko

我学习拼布即将20年，所制作的题材是身边看到、听到和感触到的事物。

这两幅作品是我将两个孩子生长过程当主题。从孩子刚出生到一岁、两岁，然后进入小学，在学校时的假期里所写的作文及日记，还有劳作以及勤练钢琴、吉他等。我将这些以照片转印于布上，并将作文的文字用刺绣方法呈现，还有在孩子年幼时为他们制作衣服、窗帘、布置房间等所剩余的布，都当成缝制的素材，作品制作历经一年多。我将跟孩子共度的幸福快乐的时光用一针一线绣入作品内。如今孩子们看到作品虽然有些害羞，但我相信等到他们也为人父母时，一定会怀念并回忆过去那段快乐幸福的童年。

Remember Hironori

宏动的回忆

作品尺寸：195cm×220cm

资料来源、文字撰写、作品提供 / 映衣老师
文字整理 / Magi　美术设计 / Chaco
图案协力制作 / Hand Made小组

布伊坊　映衣老师
日本女子文化大学研究所毕业，专攻服装社会学，研究拼布与社会关系。和很多女生一样从小就喜欢做手工艺，缝缝补补，接触拼布已有十多年，因为好奇，喜欢追根究底，读过服装史、艺术史，所以也想了解拼布的发展史，于是辞掉服装企划的工作，重回母校的研究所，针对拼布发展做更进一步的研究。具日本手艺普及协会指导员资格，现在师从拼布作家小关铃子老师。

Lesson 6

在美国蓬勃发展的拼布

前言 “拼布研究所”这一栏目在本期之后即将告一段落，很感谢大家一年来的支持，希望这期的内容对大家了解美国拼布能有所帮助。拼布在美国发展的过程并不是三言两语就可以说完的，但是在这个单元里我尽可能将其中最主要的因素拿出来让各位读者了解。综合之前所介绍的部分，拼布在美国蓬勃发展主要有以下几个原因。

拼布是生活必需品

拼布在美国相当流行，在19世纪到达巅峰，有几个因素造就了这样的盛况。首先，拼布被是重要的生活必需品之一，这在第一次“拼布研究所”里(第48期)就介绍过。为什么拼布文化在美国会这么受到重视？1620年12月26日，最早的102名移民乘坐“五月花号”船，从英国出发来到了美国大陆的马萨诸塞州（Massachusetts）的普利茅斯港。到达时正处于严冬，饥饿与寒冬的双重打击使病倒的人相当多，据说那一个冬天有一半以上的新移民因此死亡。仅存的新移民们为了能在物质缺乏的环境中生存下去，利用仅有的布料、运用拼接的手法制作了拼布被与壁饰来达到御寒的效果，才度过了在新大陆的第一个寒冬。

因为从英国带出来的布料和生活用品都非常有限，移民们把需要的衣服、裙子、裤子做好之后，将剩下大小不一的布块收集起来，再拼接成一大片可以使用的布，这就是“拼接”文化的由来。接着利用拼接好的布，加上铺棉并压线，就成为现在大家口中的“拼布被”了。

原本“压线”是在欧洲发展出来的技法，新移民远渡美国之后为了有效利用每一块布料，利用“压线”产生了“拼接”的创意，进而形成了“拼布”这种美国独创的文化。到了18世纪末，在完成独立建国之后的美国，大多数家庭都拥有相当齐全的基本生活必需品，生活也变得比较悠闲了，于是“拼布”也就变成了一种兼具装饰功能的生活用品而被家家户户制作及拥有。经过了一百多年的发展，到了19世纪《Good Housekeeping》(1882年)、《Ladies'Home Journal》(1902年)这两本女性专门杂志仍然对“拼布”给予非常好的评价。在杂志中评价“拼布”具有经济性、耐用性、容易清洗等优点，而且比一般的装饰品更具有实用性。夏天盖拼布被比盖毛毯舒适。

▲ 家庭必备用品

◀ 棉花收割的情境

棉花产业的发达

“拼布”在美国盛行的另一个因素与棉花产业的发展有关。美国棉花产业发展得这么好与英国有相当深切的关系。英国在1631年开始从印度引进白棉布（calico），进口的数量多到让英国国产的羊毛、麻纱产业深受打击。于是在1676年左右，印度白棉布被禁止输往英国。到了1721年英王乔治一世（1714～1727在位）更是宣布禁止使用印度的任何白棉布制品。

乔治二世（1727～1760在位）就位后，虽然对乔治一世的禁止令有所放宽，但也只限英国产的麻纱和白棉花的混纺被允许使用。由于英国人对白棉花的需求相当高，因此在殖民地的美国东部弗吉尼亚（Virginia）投资，利用奴隶到农场耕作、栽培棉花再销往英国，这就是美国棉花产业兴起的原因。在十八世纪九十年代，因为种植棉花的利润非常高，所以美国南方把水稻、靛蓝染料、烟草等农作物都改为棉花了。不过要把棉花里的棉和种子分开是很花人工与时间的，在当时一个人一天平均只能分离出1磅左右的棉花，这也是限制了棉花大量生产的原因。1793年一位叫做伊莱·怀特宁（Eli Whitney1765～1825）的发明家发明了轧棉机（cotton gin）（分离棉和种子的机器）后，解决了这个大难题。人工操作这个机器的情况是一天完成50磅的产量，利用水动力操作的话就可以达到1000磅的产量，这个机器的发明使得美国发展为产棉大国。因此布料可以很便宜地买到，也就成为了拼布能更加快速发展的重要因素。

因为价格变便宜，在南北战争以后棉布被美国大量使用。在当时，一般的服装都是麻或是羊毛做成的，普通人只能拥有几件而已。丝制品（silk）价格高又不容易清洗，相比之下，大量生产、价格便宜的棉布是一般人都买得起的，很快在美国扩展开了。对做拼布的人来说，图形可以设计得更复杂，作品的完成尺寸也可以做得更大了。

殖民地时代，从收集贵重的布料到完成一件表布要花很多时间；但是在工业革命之后，棉花产业的发展以及棉布的大量生产，让色彩丰富的印花棉布可以很容易买到，使得“拼布”与印花棉布有了新的结合与发展。

女性的天职与本能

19世纪初期，美国处于农业社会时期，在转成工业社会以前，大部分女性跟从前一样被迫负担裁缝和相关的工作，例如：亚麻或棉花的种植栽培、制作捻线、纺织布料，制作家中成员平常穿的衣服、家用亚麻布或是“拼布”床罩等生活用品。这些都必须由家中的女性成员来负责。农家就像是一个小型工厂，所有的家族成员都在其中一起工作。

同样，在工业化以前的美国社会里，小孩都是从父、母亲或者亲戚那里学习各种生活必要的技能。裁缝就是女孩们必修的技能之一，在两三岁时就教她们开始认识和使用针线。当然，对小女孩来说裁缝时间并不见得会很开

◀ 1853胜家第一台缝纫机在纽约贩卖售价100美元

心，因为要缝得漂亮是需要重缝好几次才行。相信这种经历是每个小女孩都有过的，而且要学习裁缝是不能出去玩的，却没有人有任何抱怨。

1829年发行的杂志《美国节俭的家庭主妇》（The American Frugal Housewife）提到："经营一个家庭最重要的是无论什么东西都不要浪费，所有的用剩下的小片布都要收集起来。物品的碎片，当然时间也是片段。"特别是主张教"拼布"是教养小孩能够早一点成为有用的人的方式。

不管是"拼布"还是其他基本的裁缝知识都是让人养成谨慎与认真的习惯，在1859年出版的《礼仪书》（The Behavior Book、Lydia Sigourney）也都很赞成这种想法。

缝纫机的普及

随着工业革命的发展，缝纫机的普及也是主要的原因之一。1755年英国查尔斯・文笙(Charles Weisenthal)以及1790年同为英国人的汤玛士・圣(Thomas Saint)发明制作各不相同的缝纫机，但是都无法批量生产，直到1830年由法国人帝摩尼(Barthelemy Thimonnier)将取得专利的缝纫机以缝制军服为由在1840年生产了80台，却被害怕因而失业的同行将缝纫机全部破坏。

▲ 裁缝学校

在美国，华特・汉特(Walter Hunt)在1830年初期发明制作出跟现在几乎一样的、在头上将线穿过有线孔的针上构造的缝纫机，但是因为没有申请专利，所以与其他复制者引发专利的纷争，最后由美国的艾利亚斯・豪(Elias Howe)取得专利。到了1850年伊沙克梅莉特・胜家(Isaac Merritt Singer)发明了与现在构造几乎一样的缝纫机，并在隔年取得专利之后，成立了众所周知的胜家公司，到了1860年达到年产万台的规模。

在没有缝纫机之前，主妇们花时间最多的是替家族成员缝制衣物，举例来说，一件男性衬衫用手缝制的话要花14个小时以上，但是用缝纫机的话只要一个小时左右就可以完成，于是自从缝纫机批量生产后，连拼布都改为用缝纫机来缝制了，据说在十九世纪七十年代里制作的拼布当中，几乎有一半是用缝纫机来完成的。

使用缝纫机后所节省的时间，让拼布制作者得以凝聚精神、专注在图形的设计与创作上，加上白棉布在大量生产的情况下价格变得相当便宜，于是拼布制作者便尝试用许多各式各样小片的布料挑战新的设计，于是就创造出“邮票拼布”(postage stamp)这个图形。

正如以上所提到的，拼布能在美国蓬勃发展并非是偶然，而是在当时的生活形态下所产生的一种必然的结果，正因如此，拼布才能成为代表美国的一种独特的创作文化。

＊参考资料来源是由日本文化学园大学图书馆所提供。

资料参考书目

★T. Ellison, The Cotton Trade of Great Britain,1886
ハロルド.U.フォークナー着小原敬士訳(1968)『アメリカ経済史(上)』至誠
パットフェレロ/エレインヘッジズ着小林恵/悦シガペナー訳(1990)『HEARTS AND HANDS ハーツアンドハンズアメリカ社会における女性とキルトの影响』日本ヴォーグ社
★Victoria Hoffman(1991)『QUILTS A WINDOW TO THE PAST』The Museum of American Textile　History
『キルトジャパン1997.5月号』日本ヴォーグ社
★小林恵(1998)『キルトへの招待―暮らしを彩る手作りアートの世界』PHP研究所

▲ 作品提供 / 陈桂芳老师

Chat 8
MERRY CHRISTMAS

为了迎接圣诞节，我会在家中布置一番，以增加节日的欢乐气氛。在杉柏绿树上装饰圣诞灯、彩花、玩具、星星……依惯例将会在圣诞节的前一两个月开始准备设计圣诞作品。我每年定会缝制一张圣诞拼布作品，将美丽的色彩点亮圣诞欢乐，并与家人享受这节日的喜悦！

文字提供／陈节老师 摄影／詹建华 美术设计／Celina 单元协助／布能布玩拼布生活工坊(台中河北店) TEL：04-22450079

圣诞快乐

尺寸：135cm×123cm
作者／陈节老师

作品制作趣谈

圣诞节会带动人们购买礼物、装饰房间，而互赠礼物也是欧美的传统文化。设计清爽、简单的北欧风格画面，让俏女郎身着红衣帽、手捧着色彩丰富的礼物，欢庆快乐圣诞日。

树顶上的星星

尺寸：100cm × 100cm
作者 / 徐韡祯（Pany）

陈老师讲评：

圣诞树是圣诞节日中最传统的装饰品之一。人们通常将绿色松树装扮成圣诞树，以增加节日的欢乐气氛，利用简单的画面与色彩的设计，并安排一位可爱的圣诞老人点亮树顶的星星，庆祝生命的复苏。

MERRY CHRISTMAS

尺寸：122cm × 122cm
作者／李青绮

陈老师讲评：

在西方传统中，圣诞老人总是快活地乘着驯鹿拉着雪橇到来，送上小朋友们期待的礼物。利用图案布重新切割组合，并在完成后加入金葱亮布贴缝字母，增添了圣诞热闹丰富的色彩。

快乐的圣诞老人

尺寸：130cm × 137cm
作者／ Lin Yuann

陈老师讲评：

圣诞节期间，在西方国家的很多超市、百货公司都会有圣诞老人出现与小朋友同乐。然而圣诞老人的装扮也各式各样，画面里设计出北欧的圣诞老人，表现出调皮活泼的跳跃舞姿，同时在使用色彩上也跳出传统的穿着和形象。

学习拼布也能长知识，
水果知识一次报你知。

幸福滋味　草莓季

作品设计、制作、提供／谢美玉老师　文／伶芀　美术设计／陈启予

设计缘由

微酸微甜的草莓，一向被人们作为幸福、美丽的象征。

草莓是蔷薇科草莓属植物中最常见的一种。原产欧洲，食用部分是由“花托”发育而成的假果。换言之，我们吃的并不是草莓的果实，而是花托在传播花粉后变大的部分，真正的草莓果实是布满在草莓表面的众多小点。

草莓富含多种维生素及矿物质，适时的食用能有效抗氧化、预防高血压、癌症的发生，亦有助瘦身，所以在欧美地区又称草莓为“苗条果”呢！在台湾从每年11月末至第二年的5月是草莓的成长季。

在这幅作品里，老师利用大自然的草莓色泽为主轴，淡淡的光晕为基底，周围用储满希望的复叶来环抱美丽的果实！娓娓道出心中那份满足于拼布的幸福感！她也祝福大家一起努力缝纫出属于自己美丽的章节！

作品尺寸：约65cm×65cm

新书快讯

打开多妮的贴布缝日记

你是否与我一样好奇可爱的多妮是如何创作出来的呢？
宠物小多多与小多奇狗的可爱调皮模样，
又会化身成什么贴心物品呢？

采访、撰文 / Magi　美术设计 / 陈启予

以爱做梦、爱幻想的多妮女孩为主角，从童年的多妮造型到爱唱歌、与狗狗一起散步、爱看书的多妮等风情万种的贴布缝图案，让人直呼好可爱！作者潘妤莹老师从小就很喜欢画画，曾以为长大后会成为美术老师或是画家。或许因为对美学的执著，将热情转移至拼布上。某天与一位小女孩相遇，谱出了多妮的角色，创作出属于自己特色的作品。作品除了有许多可爱的图形之外，兼具实用性是潘老师的用心表现，让我们一起进入多妮的幻想世界吧！

珍惜人与人之间的缘分，
感恩自己还能“有事做”。
潘妤莹老师

达人小档案

潘妤莹老师
拼布资历 7 年
双子座
拼布以外喜欢园艺、绘画、书法，喜欢收藏猫咪的图案布及猫咪胸针。
现为潘妮拼布教室负责人
多妮的拼布幻想世界网址
http://tw.myblog.yahoo.com/donny227320

以下采访简称（**H**：Hand Made 杂志　**P**：潘妤莹老师）

H：您在什么情况下接触拼布？

P：表姐送我一个拼布包，包的表面贴了优雅的莲花，让我爱不释手，就这样我迷上了拼布，也爱上贴布缝。

H：拼布对老师的生活改变及影响是什么？

P：拼布让我结识了许多朋友，让我生活变得更充实，以前对人对事总是不信任和抱怨，现在心境改变了，对人及对事处处皆能感恩，珍惜人与人之间的缘分，感恩自己还能“有事做”。

H：新书中的多妮、小多多、小多奇是在什么情况下设计出来的呢？

P：我的第一位学员如珍姐，每次上课时都会带她小孙女来，小女孩长得非常讨喜，当时她才三岁，顶着一头西瓜皮的发型，还戴着蝴蝶结发圈，手中拎着小篮子装了她的拼布宠物狗，哈！就这样随手画了张图，多妮这个人物就产生了（笑）。

新书快讯

打开多妮的贴布缝日记

本书中文简体字版即将引进出版，敬请期待！

潘妤莹 著

丰富收录

多妮的童年往事＋宠物＋多妮日记＝33件可爱温馨作品

129张基本做法的活用技巧图解

161张挑战技巧的相机包、水壶袋、中长夹等作品，贴心分解教学图让你好上手。

书中特别精选8款材料包提供购买，让你跟着书做出属于自己的多妮。

《巧手易》编辑强力推荐新书重点

本书主角——多妮与宠物小多多和小多奇狗，化身成33件可爱温馨作品，让你使用或携带都幸运满满。除了原创的可爱图案之外，还贴心示范基本的刺绣、贴布缝、娃娃的头发及五官等做法和活用技巧，清楚明了的分解图让读者制作拼布无往不利。书中几款技巧较难的三用包及侧背包作品等等，也都有贴心分解教学图，让你轻松好上手。

欢乐上市中！

首翊＆手艺　温暖出版

博客来网络书店、诚品书局、纪伊国屋、金石堂书店、何嘉仁书店、隆德总经销、《巧手易》杂志、全国各大书局

H：您喜爱什么拼布技法？

P：没有特别喜爱哪些技法，只要拼布能用到的我觉得都是值得学习的好方法。

H：新书内的作品筹备了多久？

P：从绘画到制作完成，大约8个月的时间。真漫长……

H：初次出书的心情分享？

P：不用说当然是喜悦的虽是高兴但也有着紧张，越是接近出版的日子心情就越复杂，我很用心去设计制作书中的每一个袋物，让袋物更贴近生活，让读者能使用它，不要只是收藏品而已（藏在衣柜里舍不得用），希望读者们都能感受到我的用心。

H：初学者需要注意什么？

P：不管你会拿针还是从来没接触过，最好听从老师教的缝每一针每一线，会缝衣服不一定就会缝拼布喔！因为方法不同，要如何缝才会“美”那才是重点。

H：老师未来的梦想是什么？

P：梦想不大，希望可以一直缝拼布，再制作出不同风格的作品，而不只是创作出多妮这个主角。

H：您的拼布的资历有多久？

P：我拼布资历算短，只是一个傻劲地往自己想要的去做，希望这股劲能一直持续下去。

老师和学员们

繁华中的小天地　采品拼布教室

图片、文字提供 / 采品拼布教室 吕淑惠老师　整理 / 伶艻　美术设计 / Celina

DATA

采品拼布教室

新北市芦洲区
得胜街 10 号
电话：02- 22829108

淑惠老师 & 亚婷老师

教室一角

在芦洲捷运三民高中站，热闹的芦洲夜市一角，发现了一个朴实自然的小天地——采品拼布教室。一走进去，迎面而来的是一对非常亲切的姐妹花，也就是这个小天地的创立者淑惠老师和亚婷老师。她们引领着我一一介绍拼布的种种，从她们的言谈与神情无不诱露出对拼布的挚情及热爱！

淑惠老师自小对手工艺品就极感兴趣，婚后利用小孩上课的空当自学拼布，从刚开始照着书做，到慢慢地会构思自己想要的作品。从构思、设计、着手绘图、挑选布样及花色，进而缝制成成品，这种从无到有的过程，就像一块一块拼凑成美丽的拼布作品一般，让人颇有成就感。总想再更进一步，所以在老公的鼓励与支持下，取得了日本拼布手艺普及协会讲师资格认证，也常和同好前往日本学习更精巧的拼布技术。因缘际会，在芦洲的艺文中心教导学员们拼布技巧，也借拼布认识很多的朋友，跟学员就像朋友一般，一起做拼布、话家常，还时常从学员身上获得不同的灵感，进而创造出下一个作品。而感情甚好的妹妹亚婷老师也常趁着小孩上学时，跟着她一起学做拼布。

姊妹俩认为："我们比有钱人更富有，拼布不仅丰富了我们的生活，也带给我们心灵莫大的成就感。"借此信念，她们成立了"采品拼布教室"，希望来到采品可以借品位生活进而创造精彩人生。

淑惠老师专攻手工缝制，而亚婷老师则专攻机缝，所以无论你是想学手缝还是机缝，来到采品，你都可以寻得自己的一片天。

一进会场，映入眼帘的是三幅巨大的壁饰。

2012 横滨拼布展

日期：2012.11.08 ~ 11.10

拼布界的盛会在阳光普照、风和日丽的横滨，悄悄地拉开了序幕，会场里，万头攒动，此起彼落的赞叹声，充满了整个会场，看着一件件精彩的作品，不禁让人怀疑这真的是“拼布”吗？

采访、撰文／晴天　美术设计／陈启予

得奖作品欣赏

参展作品欣赏

台湾地区、韩国作品展。

栩栩如生的人物拼布。

乡家启子老师

上田叶子老师

向野早苗老师

会场里，
和蔼可亲的名师们！

每个摊位，都驻足着许多同好，彼此分享自己的心得！

各有特色的摊位，以及吸引众多人参与的体验课程。

穿上小关铃子老师设计的图案服装，更显帅气。

园部美知子老师穿上最新款的花色衣服，左上图则为老师女儿制作的亲子装娃娃吊饰。

会场里另一吸睛的焦点：Japan Fashion Design Contest 受赏作品展！

著作权合同登记号：图字16—2012—085

图书在版编目(CIP)数据

巧手易.53，家人的温馨空间/首翊股份有限公司编著.—郑州:河南科学技术出版社，2013.5
ISBN 978-7-5349-6217-2

Ⅰ.①巧…　Ⅱ.①首…　Ⅲ.①布料-手工艺品-制作-图集　Ⅳ.①TS973.5-64

中国版本图书馆CIP数据核字(2013)第074911号

出版发行：河南科学技术出版社
地址：郑州市经五路66号　邮编：450002
电话：(0371)65737028　65788613
网址：www.hnstp.cn
策划编辑：刘　欣
责任编辑：梁莹莹
责任校对：柯　姣
印　　刷：北京盛通印刷股份有限公司
经　　销：全国新华书店
幅面尺寸：214 mm×285 mm　印张：6　字数：250千字
版　　次：2013年5月第1版　2013年5月第1次印刷
定　　价：38.00元

如发现印、装质量问题，影响阅读，请与出版社联系。